大/学/公/共/课/系/列/教/材

U0185235

大数据与人工智能导论

DASHUJU
YU RENGONGZHINENG
DAOLUN

韦德泉 杨振 主编

张彤 裴霞 马怀志

韩清华 张强 孙运全 副主编

北京师范大学出版集团
BEIJING NORMAL UNIVERSITY PUBLISHING GROUP
北京师范大学出版社

图书在版编目（CIP）数据

大数据与人工智能导论 / 韦德泉，杨振主编. —北京：北京师范大学出版社，2021.3（2022.7重印）

（大学公共课系列教材）

ISBN 978-7-303-26616-6

Ⅰ. ①大… Ⅱ. ①韦… ②杨… Ⅲ. ①数据处理－高等学校－教材 ②人工智能－高等学校－教材 Ⅳ. ①TP274 ②TP18

中国版本图书馆 CIP 数据核字（2020）第 259923 号

营　销　中　心　电　话　010-58807651
北师大出版社高等教育分社微信公众号　新外大街拾玖号

DASHUJU YU RENGONGZHINENG DAOLUN

出版发行：北京师范大学出版社　www.bnup.com
　　　　　北京市西城区新街口外大街 12-3 号
　　　　　邮政编码：100088
印　　刷：保定市中画美凯印刷有限公司
经　　销：全国新华书店
开　　本：787 mm×1 092 mm　1/16
印　　张：12.5
字　　数：266 千字
版　　次：2021 年 3 月第 1 版
印　　次：2022 年 7 月第 4 次印刷
定　　价：39.80 元

策划编辑：周　粟　　　　　　责任编辑：马力敏　李会静
美术编辑：李向昕　　　　　　装帧设计：李向昕
责任校对：段立超　陈　民　　责任印制：马　洁

编写委员会

主　编：韦德泉　杨　振

副主编：张　彤　裴　霞　马怀志

　　　　韩清华　张　强　孙运全

编　委：张家骏　吕凯凯　赵　峰

　　　　戚世丽　黄　超　隋启迪

　　　　张成联　邓红艳　袁美玲

序　言

过去五个世纪里，全球科技大致发生了五次革命：一是近代物理学诞生，二是蒸汽机、冶金和机械革命，三是电力、化工和运输革命，四是相对论和量子论革命，五是电子和信息革命(自动化、信息化和智能化)。其中，第一次和第四次属于科学革命，第二次、第三次和第五次属于技术革命。当前，人工智能技术和大数据技术在工业、农业、国防、医疗、教育等各个领域均扮演着重要的角色，已经成为推动社会发展进步的重要动力。世界各国已充分认识其重大作用，纷纷调整各自发展战略，优先发展相关领域，力图在未来的国际竞争中掌握主动权。我国早已认识到人工智能、大数据的发展及应用的重要性，国务院《新一代人工智能发展规划》的发布，标志着人工智能已经上升为国家战略。习近平指出，加快发展新一代人工智能是事关我国能否抓住新一轮科技革命和产业变革机遇的战略问题。他在向国际人工智能与教育大会致贺信中指出，把握全球人工智能发展态势，找准突破口和主攻方向，培养大批具有创新能力和合作精神的人工智能高端人才，是教育的重要使命。

近年来，枣庄学院以建设"国内知名的高水平应用型大学"为奋斗目标，产教融合协同育人工程成效显著。学校按照教育部《高等学校人工智能创新行动计划》的要求，提出要加快、加强人工智能人才培养，努力夯实人工智能人才培养基础，积极探索"人工智能＋"复合型人才培养。2018年，学校获批教育部首批本科"AI＋智慧学习"共建人工智能学院试点学校项目，成立了人工智能学院，同时在全校所有专业开设大数据与人工智能通识课程，建设人工智能体验中心，开展人工智能项目体验式教学，在人工智能通识教育方面走在了前列。学校组织编写的这本《大数据与人工智能导论》教材，力求让当代大学生了解大数据与人工智能领域的概念，掌握基本知识，从而具备人工智能时代所必需的基础知识素养。教材不仅展示人工智能技术，更包括对人工智能的形而上思考，尤其注重人工智能与不同学科的交叉。我衷心希望，《大数据与人工智能导论》的出版能够启发大学生的兴趣，增强学生利用人工智能及大数据技术为社会服务的使命感，为国家的科技进步贡献一份力量。

姚建铨

中国科学院院士　天津大学博士生导师、教授

2020 年 8 月

前　言

近年来，大数据与人工智能一直是当今炙手可热的科技词汇。二者虽关注点不同，但是却有着密切的联系。首先，大数据技术的发展依靠人工智能，因为它使用了许多人工智能的理论和方法进行数据价值化操作。其次，人工智能的发展也必须依托大数据技术，需要大量的数据作为"思考"和"决策"的基础。大数据与人工智能技术向社会各领域迅速渗透，逐步改变着人类的生产方式和生活模式。中共中央总书记习近平指出："新一代人工智能正在全球范围内蓬勃兴起，为经济社会发展注入了新动能，正在深刻改变人们的生产生活方式。"

大数据影响着各个行业，创造了巨大的商业价值。结合大数据和云计算，人工智能将更好地服务于人们的生活，推动时代进步。未来 30 年后再看现在大数据和人工智能爆发的今天，其或许真的会成为像工业革命或互联网革命一样的存在。生活在大数据和人工智能时代下的我们更是不能放松对这方面的思考和追求。

2018 年 10 月 31 日，中共中央政治局就人工智能发展现状和趋势举行第九次集体学习。中共中央总书记习近平在主持学习时强调"要加强人才队伍建设，以更大的决心、更有力的措施，打造多种形式的高层次人才培养平台，加强后备人才培养力度，为科技和产业发展提供更加充分的人才支撑。"因此，及时将大数据与人工智能的新技术与新知识提炼概括为新的话语体系，根据学生的不同认知特点，让大数据与人工智能新技术、新知识进学科、进专业、进课程、进学生头脑，让学生对大数据与人工智能有基本的认识和兴趣，是极其重要的。

本书致力于大数据和人工智能普及教育，培养学生的理性思维和研究创新能力，让学生在掌握大数据和人工智能基本知识的同时，了解大数据和人工智能产业的发展现状与市场需求，了解大数据和人工智能对现代生活的改变和影响，开拓学生的科技视野，培养学生大数据和人工智能的应用能力，让其运用人工智能技术解决生活与学习中的问题，使学生逐步成为信息社会的积极参与者。

本书共分为 7 章。

第 1 章介绍了大数据与人工智能的基本概念、发展历史、特征与现状，以及面临的难题和未来的前景。

第 2 章介绍了大数据的特性以及大数据分析全流程所涉及的各种技术，主要包含数据的采集与预处理、存储与管理、处理与分析、可视化以及安全与隐私保护。

第 3 章介绍了大数据各种云计算平台，主要包括 MapReduce 平台、Hadoop 平台、Spark 平台。

第 4 章介绍了机器学习的定义、发展、范围和方法等，并对监督学习、无监督学习、强化学习的代表性方法做了具体介绍。

第 5 章首先介绍了人工神经元的结构和数学模型，人工神经网络的定义、特点、结构和工作方式，并着重介绍了最基本、最典型的 BP 神经网络和 Hopfield 神经网络及其应用，其次介绍了深度学习的定义、主要特点，并结合实例介绍了深度学习算法的主要模型。

第 6 章针对智能语音、计算机视觉、自然语言处理三个重要的人工智能研究领域，分别在技术原理、发展历程、研究方向和技术应用等几个方面做了介绍。

第 7 章介绍了大数据与人工智能在各行业的广泛应用。

本书适合作为高等学校非计算机类本专科专业大一新生的通识教材，开拓学生科技视野，培养学生大数据与人工智能的应用能力，帮助学生了解其发展过程与基本知识，熟悉大数据与人工智能产业的发展现状与市场需求。

在本书编写过程中，编者得到了许多专家学者的支持，在此一并感谢。此外，本书还获得了 2019 年教育部产学合作协同育人项目的支持。由于时间仓促，作者水平有限，加之大数据和人工智能学科发展迅速，因此，书中不妥和不足之处在所难免，诚恳地希望专家和读者提出宝贵意见，以促进本书的改进和完善。

编者

2022 年 6 月

目　录

第 1 章　大数据与人工智能概述 /1

1.1　大数据概述 /1

1.2　人工智能概述 /11

1.3　大数据与人工智能的机遇与挑战 /19

1.4　本章小结 /23

第 2 章　大数据技术 /24

2.1　数据的多样性 /24

2.2　大数据处理的一般流程 /26

2.3　数据采集与预处理 /27

2.4　数据存储与数据仓库 /30

2.5　数据处理与分析 /32

2.6　数据可视化 /35

2.7　数据安全和隐私保护 /37

2.8　本章小结 /38

第 3 章　大数据计算平台 /40

3.1　云计算 /40

3.2　云计算平台 /47

3.3　MapReduce 平台 /52

3.4　Hadoop 平台 /57

3.5　Spark 平台 /66

3.6　本章小结 /70

第 4 章　机器学习 /71

　　4.1　机器学习概述 /71

　　4.2　监督学习 /77

　　4.3　无监督学习 /83

　　4.4　强化学习 /86

　　4.5　本章小结 /88

第 5 章　人工神经网络与深度学习 /89

　　5.1　人工神经网络的发展概况 /89

　　5.2　人工神经元与神经网络 /90

　　5.3　BP 神经网络 /96

　　5.4　Hopfield 神经网络 /103

　　5.5　深度学习 /113

　　5.6　本章小结 /122

第 6 章　智能识别 /123

　　6.1　智能语音 /123

　　6.2　计算机视觉 /139

　　6.3　自然语言处理 /147

　　6.4　本章小结 /156

第 7 章　大数据与人工智能的应用 /157

　　7.1　智能家居 /157

　　7.2　智慧医疗 /161

　　7.3　智慧交通 /165

　　7.4　智能安防 /167

　　7.5　智能金融 /168

　　7.6　智能教育 /171

　　7.7　智能机器人 /173

　　7.8　无人驾驶 /182

　　7.9　大数据和人工智能的未来 /185

　　7.10　本章小结 /186

参考文献 /188

第1章　大数据与人工智能概述

当下最具颠覆性和革命性意义的新技术、新方向之一是人工智能(Artificial Intelligence，AI)，它将对经济社会发展带来广泛而深刻的影响，特别是赋能传统行业，助力经济高质量发展和转型提升。当下，人工智能正在与以脑科学为代表的生命科学，以5G、物联网(IOT)等为代表的新一代信息技术交叉融合，催生出一系列新风口。人工智能算法广泛推广的当下，其处理实际问题的能力日益凸显。如何有效提升数据处理能力，已然成为人工智能算法发展中的障碍。人工智能算法需要大量基础数据作为支撑，故而需要利用到大数据技术，作为推动人工智能发展的基础。

1.1　大数据概述

全球已步入数据爆炸式增长的时代，互联网数据中心(Internet Data Center，IDC)研究报告指出互联网上的数据量每两年会翻一番。2018年，全球产生的新数据量为33 ZB(1 ZB约相当于1万亿GB)。2025年，全世界产生的新数据有望增至175 ZB。许多人认为，数据大爆炸堪比新型石油，甚至是一种全新的资产类别。大数据将是下一个创新、竞争、生产力提高的前沿领域，它将引领一场足以与20世纪计算机革命匹敌的巨大变革，并将会带来巨大的商业价值。当前，整个社会都在谈大数据，都想抓住这一难得的机遇。各国政府和各国际组织都认识到了大数据的重要作用，将开发、利用大数据作为夺取新一轮竞争制高点的重要抓手。为此，各个国家纷纷制定相关政策，积极推动大数据相关技术的研发与落实。

1.1.1　大数据的定义

"大数据"的确切定义很难确定。因为项目负责人、供应商和基层工作者使用它的方式不同，看待的角度不同，自然给出的定义也不尽相同。而且随着科技的进步，大数据的定义也在不断更新完善。

1. 搜狗百科对大数据的定义

大数据是指无法在一定时间范围内用常规软件工具进行捕捉、管理和处理的数据集合，是需要新处理模式才能具有更强的决策力、洞察发现力和流程优化能力的海量、高增长率和多样化的信息资产。

2. 维基百科对大数据的定义

大数据是指一些使用目前现有数据库管理工具或传统数据处理应用很难处理的大型而复杂的数据集。其挑战包括采集、管理、存储、搜索、共享、分析和可视化。

3.《大数据时代》对大数据的定义

由维克托·迈尔-舍恩伯格及肯尼思·库克耶编写的《大数据时代》对大数据的定义：大数据指不用随机分析法（抽样调查）这样的捷径，而采用所有数据进行分析处理的方法。

4. 麦肯锡全球研究所对大数据的定义

一种规模大到在获取、存储、管理、分析方面大大超出了传统数据库软件工具能力范围的数据集合，具有海量的数据规模、快速的数据流转、多样的数据类型和价值密度低四大特征。

5. 互联网数据中心对大数据的定义

大数据一般会涉及两种或两种以上的数据形式。它要收集超过 100 TB 的数据，并且是高速、实时的数据流，或者是从小数据开始，但数据量每年会增长 60% 以上。

6. 高德纳（Garnter）对大数据的定义

大数据是需要新处理模式才能具有更强的决策力、洞察发现力和流程优化能力来适应海量、高增长率和多样化的信息资产。

7. 狭义大数据论和广义大数据论

有学者认为，大数据有广义和狭义之分。狭义的大数据主要是指大数据在各个领域中应用的关键技术，是指从各种各样类型的数据中，快速地获得有价值的信息的能力。狭义的大数据反映的是规模非常庞大，无法在一定时间内用一般性的常规软件工具对其内容进行抓取、管理和处理的数据集合的获取、存储、管理、计算分析、挖掘与应用的全新技术体系。

我们生活的这个维度的所有事物的运动，上到宇宙的运动，下到质子的运动，都可以细化成一组组的数据。广义的大数据主要包括大数据技术、大数据工程、大数据科学和大数据应用等大数据相关的领域，即广义的大数据包含狭义的大数据（大数据技术、大数据应用）。大数据工程，是指大数据的规划、建设、运营、管理的系统工程；大数据科学，主要关注大数据网络发展和运营过程中发现和验证大数据的规律及其与自然和社会活动之间的关系。

从大数据的定义看，对大数据的概念界定众说纷纭。大数据的概念具有明显的时代相对性，今天定义的大数据在不久的将来可能就需要重新定义。信息科技处于持续高速发展阶段，不经意之间你可能就落后了。

大数据技术的意义不在于掌握庞大的数据信息，而在于对这些含有意义的数据进行专业化挖掘、处理和分析。换言之，如果把大数据看作一种产业，那么这种产业实现盈利的关键，在于提高对数据的"加工能力"，通过"加工"实现数据的"增值"。

随着云技术的发展，大数据越来越受到人们的青睐。从技术上看，大数据与云计算的关系是相辅相成、相得益彰的。大数据对数据进行收集，云计算对数据进行挖掘，寻找对企业有价值的数据。大数据无法用人脑或单台计算机进行处理，必须采用分布式架构。它的特色在于对海量数据进行分布式数据挖掘。但它需要云计算作为平台，依托云计算的分布式处理、分布式数据库和云存储、虚拟化技术。而大数据涵盖的价值和规律则能够使云计算更好地与行业应用结合并发挥更大的作用。云计算将计算资源作为服务来支撑大数据的挖掘，而大数据的发展趋势是为实时交互的海量数据查询、分析提供各自需要的价值信息。

大数据需要特殊的技术，以有效地处理大量的数据。适用于大数据的技术包括大规模并行处理数据库、数据挖掘、分布式文件系统、分布式数据库、云计算平台、互联网和可扩展的存储系统。

《大数据时代》一书阐述了一个道理：在大数据时代已经到来的时候，要用大数据思维去发掘大数据的潜在价值。书中指出，大数据思维是需要分析全部数据样本而不是抽样调查，关注效率而不是精确度，关注相关性而不是因果关系。

1.1.2　大数据的发展历程

早在 1980 年，美国著名未来学家阿尔文·托夫勒便预见到了大数据时代的到来，他在《第三次浪潮》一书中，就将大数据热情地赞颂为"第三次浪潮的华彩乐章"。

1997 年，美国宇航局研究员迈克尔·考克斯和大卫·埃尔斯沃斯首次使用"大数据"这一术语来描述 20 世纪 90 年代的挑战：模拟飞机周围的气流是不能被处理和可视化的。数据集之大，超出了主存储器、本地磁盘，甚至超出了远程磁盘的承载能力，故将其称为"大数据问题"。

2006 年 2 月，Hadoop 项目诞生，它从 Nutch 转移出来成为一个独立的 Lucene 子项目。Hadoop 生态体系架构了大数据的大脑，实现了一个分布式文件系统（Hadoop Distributed File System，HDFS），可以实现全面功能和灵活的大数据分析。从技术上看，Hadoop 由两项关键服务构成：HDFS 和 MapReduce。HDFS 为海量的数据提供了存储，MapReduce 为海量的数据提供了计算。这两项服务的共同目标是，提供一个使结构化和复杂化数据的快速、可靠分析变为现实的基础。HDFS 有高容错性的特点，并且设计用来部署在低廉的（low-cost）硬件上；而且它提供高吞吐量（high throughput）来访问应用程序的数据，适合那些有着超大数据集（large data set）的应用程序。

2008 年年末，"大数据"得到部分美国知名计算机科学研究人员的认可，业界组织计算社区联盟(Computing Community Consortium)发表了一份有影响力的白皮书《大数据计算：在商务、科学和社会领域创建革命性突破》。它使人们的思维不局限于数据处理的机器，提出大数据真正重要的是新用途和新见解，而非数据本身。此组织可以说是最早提出大数据概念的机构。

2009 年，印度政府建立了用于身份识别管理的生物识别数据库，联合国全球脉冲项目已研究了对如何利用手机和社交网站的数据源来分析预测从螺旋价格到疾病暴发之类的问题。美国政府通过启动"Data.gov"网站的方式进一步开放了数据的大门，这个网站向公众提供各种各样的政府数据。该网站的大量数据集被用于保证一些网站和智能手机应用程序来跟踪从航班到产品召回再到特定区域内失业率的信息。这一行动激发了从肯尼亚到英国范围内的政府人员的积极性，他们相继推出类似举措。欧洲一些领先的研究型图书馆和科技信息研究机构建立了伙伴关系，致力于改善在互联网上获取科学数据的简易性。

2010 年 2 月，肯尼斯·库克尔在《经济学人》上发表了长达 14 页的大数据专题报告《数据，无所不在的数据》。库克尔在报告中提到，世界上有着无法想象的巨量数字信息，并以极快的速度增长。从经济界到科学界，从政府部门到艺术领域，很多方面都已经感受到了这种巨量信息的影响。科学家和计算机工程师已经为这个现象创造了一个新词汇：大数据。库克尔也因此成为最早洞见大数据时代趋势的数据科学家之一。

2011 年 2 月，IBM 的沃森超级计算机每秒可扫描并分析 4 TB(约 2 亿页文字量)的数据量，并在美国著名智力竞赛电视节目《危险边缘》上击败两名人类选手而夺冠。《纽约时报》认为，这一刻为"大数据计算的胜利"。5 月，全球知名咨询公司麦肯锡的肯锡全球研究院(MGI)发布了一份报告《大数据：创新、竞争和生产力的下一个新领域》，大数据开始备受关注，这也是专业机构第一次全方面地介绍和展望大数据。报告指出，大数据已经渗透到当今每一个行业和业务职能领域，成为重要的生产因素。人们对于海量数据的挖掘和运用，预示着新一波生产率增长和消费者盈余浪潮的到来。报告还提到，"大数据"源于数据生产和收集的能力和速度的大幅提升——由于越来越多的人、设备通过数字网络连接起来，产生、传送、分享和访问数据的能力也得到彻底变革。同月，EMC World 2011 在拉斯维加斯开幕，会议主题为"云计算适逢大数据"。时任 EMC 公司董事长兼首席执行官乔·图斯发表主题演讲，他着重介绍了云计算和大数据给互联网技术带来的变革。同期举办了企业内容管理大会、数据科学家峰会、大数据存储峰会和首席信息官峰会。同一时间，IBM 推出大数据分析软件平台 InfoSphere BigInsights 和 Streams，这是目前业内最先推出的针对大数据分析的产品。两款产品将包括 Hadoop、MapReduce 在内的开源技术紧密地与 IBM 系统集成起来，真正将其变成了企业级的应用。7 月，Yahoo 宣布成立新公司 Hortonworks，接手 Hadoop 服务，

Hadoop 也迎来了新的发展机会。针对大数据领域，其实有很多技术提供商都参与了 Yahoo 的项目。Apache Hadoop 是一个开源项目，Yahoo 就是其中最大的贡献者；Google MapReduce 是 Hadoop 架构的一个主要组件，开发出的软件可以用来分析大数据集，它在目前的火爆程度已经无须多言；Cloudera 是 Hadoop 最早的技术支持、服务和软件提供商，它今后将直接与 Yahoo 的 Hortonworks 展开竞争。此外，EMC 还推出了付费的 Hadoop 产品，并基于 MapR Technologies 公司的技术。12 月，我国工信部发布的物联网十二五规划，信息处理技术作为 4 项关键技术创新工程之一被提出来，其中包括了海量数据存储、数据挖掘、图像视频智能分析，这都是大数据的重要组成部分。

2012 年 1 月，瑞士达沃斯召开的世界经济论坛上，大数据是主题之一。会上发布的报告《大数据，大影响》宣称，数据已经成为一种新的经济资产类别，就像货币和黄金一样，建议各国的工业界、学术界、非营利性机构的管理者一起利用大数据所创造的机会，许多国家政府更是把大数据上升到战略的层面。3 月 29 日，美国发布了《大数据研究和发展倡议》，提出将从收集的庞大而复杂的数字资料中获得知识，以提升能力，并协助加速在科学、工程上发现的步伐，强化美国国土安全，转变教育和学习模式。奥巴马政府宣布投资 2 亿美元到大数据领域，启动"大数据研究与发展计划"，大力推动和改善数据提取、存储、分析、发现等领域的技术创新与工具开发，以推动从大量复杂的数据中获取知识和洞察的能力。这标志着大数据技术从商业行为上升到国家科技战略。4 月，美国软件公司 Splunk 于 19 日在纳斯达克成功上市，成为第一家上市的大数据处理公司。鉴于当时美国经济持续低迷、股市持续震荡的大背景，Splunk 首日的突出交易表现尤其令人们印象深刻，首日即暴涨了一倍多。Splunk 是一家领先的提供大数据监测和分析服务的软件提供商，成立于 2003 年。Splunk 成功上市促进了资本市场对大数据的关注，同时也促使 IT 厂商加快大数据布局。7 月，联合国在纽约发布了一份关于大数据政务的白皮书，总结了各国政府如何利用大数据更好地服务和保护人民。这份白皮书举例说明在一个数据生态系统中，个人、公共部门和私人部门各自的角色、动机和需求。例如，通过对价格关注和更好服务的渴望，个人提供数据，并对隐私和退出权力提出需求；公共部门出于改善服务、提升效益的目的，提供了诸如数据、设备信息、健康指标，及税务和消费信息等，并对隐私和退出权力提出需求；私人部门出于提升客户认知和预测趋势的目的，提供汇总数据、消费和使用信息，并对敏感数据所有权和商业模式更加关注。白皮书还指出，人们如今可以使用的丰富的数据资源，包括旧数据和新数据，来对社会人口进行前所未有的实时分析。联合国还以爱尔兰和美国的社交网络活跃度增长可以作为失业率上升的早期征兆为例，表明政府如果能合理分析所掌握的数据资源，将能"与数俱进"，快速应变。同月，为挖掘大数据的价值，阿里巴巴集团在管理层设立"首席数据官"一职，负责全面推进"数据分享平台"战略，并推出大型的数据分享平台"聚石塔"，为天猫、淘宝平台上的电商及电商服务商等提供数据云服务。随后，阿里巴巴董事局主席在 2012 年网商大会上发表演讲。马云强调："假如我们有一个数据预报台，就像为企业装上了一个 GPS 和雷达，你们出海将会更有把握。"因此，阿里巴巴集团希望通过分享和挖掘海量数据，为国家提供价值。此举是国内企业最早把大数据提升到企业管理层高度的一次重大里程碑。

2013 年，英国政府宣布注资 6 亿英镑发展 8 类高新技术，其中，1.89 亿英镑用来发展大数据技术，旨在开放欧盟公共管理部门的所有信息。大数据掀起的变革，正在对现有的生产力和生产关系构成重要影响。

2014 年 4 月，世界经济论坛以"大数据的回报与风险"为主题发布了《全球信息技术报告（第 13 版）》。报告认为，在未来几年中针对各种信息通信技术的政策会显得更加重要，在接下来将对数据保密和网络管制等议题展开积极讨论。全球大数据产业的日趋活跃，技术演进和应用创新的加速发展，使各国政府逐渐认识到大数据在推动经济发展、改善公共服务、增进人民福祉，乃至保障国家安全方面的重大意义。5 月，美国发布了 2014 年全球"大数据"白皮书的研究报告《大数据：抓住机遇、守护价值》。报告鼓励使用数据以推动社会进步，特别是在市场与现有的机构并未以其他方式来支持这种进步的领域；同时，也需要相应的框架、结构与研究，来帮助保护美国人对于保护个人隐私、确保公平或是防止歧视的坚定信仰。同年，"大数据"首次出现在我国的《政府工作报告》中。报告指出，要设立新兴产业创业创新平台，在大数据等方面赶超先进，引领未来产业发展。"大数据"旋即成为国内热议词汇。

2015 年 9 月，国务院正式印发《促进大数据发展行动纲要》，系统部署大数据发展工作。纲要明确，推动大数据发展和应用，在未来 5 至 10 年打造精准治理、多方协作的社会治理新模式，建立运行平稳、安全高效的经济运行新机制，构建以人为本、惠及全民的民生服务新体系，开启大众创业、万众创新的创新驱动新格局，培育高端智能的产业发展新生态。这标志着大数据正式上升为我国国家战略。

2016 年 3 月 17 日，《中华人民共和国国民经济和社会发展第十三个五年规划纲要》发布，其中第二十七章"实施国家大数据战略"提出：把大数据作为基础性战略资源，全面实施促进大数据发展行动，加快推动数据资源共享开放和开发应用，助力产业转型升级和社会治理创新。主要包括：①加快政府数据开放共享，即加快建设国家政府数据统一开放平台，推动政府信息系统和公共数据互联开放共享。②促进大数据产业健康发展，即加快海量数据采集、存储、清洗、分析发掘、可视化、安全与隐私保护等领域关键技术攻关。促进大数据软硬件产品发展。完善大数据产业公共服务支撑体系和生态体系，加强标准体系和质量技术基础建设。10 月，探码科技精准扶贫大数据平台项目正式启动。探码科技大数据平台不仅具备动态大数据云存储、随时查看帮扶对象信息、贫困信息云定位、大数据动态统计分析四大特色，而且具备了平台大数据精准管理，动态图表大数据展示，提供贫困户、村扶贫动态图片展示，实时全面的系统用户、角色、机构动态管理，用户分包联动协作，支持个性化定制，针对各地不同政策需求量身定制七大优势。

2017 年 1 月，大数据"十三五"规划出台。规划通过定量和定性相结合的方式提出了 2020 年大数据产业发展目标。在总体目标方面提出，到 2020 年，技术先进、应用繁荣、保障有力的大数据产业体系基本形成，大数据相关产品和服务业务收入突破 1 万亿元，年均复合增长率保持在 30% 左右。在此基础之上，明确了 2020 年的细化发展目标，即技术产品先进可控、应用能力显著增强、生态体系繁荣发展、支撑能力不断增强、数据安全保障有力。

2019 年 5 月 26—29 日中国国际大数据产业博览会作为全球首个以大数据为主题的国家级博览会在贵州省贵阳市举行。博览会围绕大数据技术创新与最新成果，探寻大数据发展的时代变革，打造高端专业的大数据交流交易服务平台展开。会上工信部部长表示，下一步工信部将着力做好四个方面的工作：一是增强创新能力，夯实产业基础；二是聚焦实体经济，推进深度融合；三是加强数据治理，持续优化环境；四是深化开放合作，实现互利共赢。

1.1.3 大数据的特征

最早是 IBM 公司定义的大数据的特征(3V)，即规模性(Volume)、多样性(Variety)和高速性(Velocity)。因为任何数据都是有其价值的，因此以互联网数据中心为代表的业界则普遍认为大数据具备 4V 特点，即在 3V 的基础上增加价值性(Value)，表示大数据虽然价值总量高但其价值密度低。有学者认为数据是需随时调用的，因此数据还应该有第五个特性：在线性(Online)。即大数据的特征是 4V+1O。

1. 规模性

规模性是大数据的基本特性。以前科技不发达的时候，人们习惯用笔和本记录我们生活中的点点滴滴，要想统计的话需要大量的人力、财力，而且可能会有所遗漏，可见我们产生的数据之大超乎想象。现在随着计算机技术的发展，人们推行无纸化办公，使大量的数据进入网络，并能进行系统化整理。

数据规模的大小是用计算机存储容量的单位来计算的，最小的基本单位是 bit。按顺序给出所有单位：bit、Byte、KB、MB、GB、TB、PB、EB、ZB、YB、BB、NB、DB。

除 bit 与 Byte 外，它们按照进率 1024(2 的十次方)来计算：

1 Byte＝8 bit

1 KB＝1024 Bytes＝8192 bit

1 MB＝1024 KB＝1048576 Bytes

1 GB＝1024 MB＝1048576 KB

1 TB＝1024 GB＝1048576 MB

1 PB＝1024 TB＝1048576 GB

1 EB＝1024 PB＝1048576 TB

1 ZB＝1024 EB＝1048576 PB

1 YB＝1024 ZB＝1048576 EB

1 BB＝1024 YB＝1048576 ZB

1 NB＝1024 BB＝1048576 YB

1 DB＝1024 NB＝1048576 BB

大数据的起始计量单位一段是P(1000个T)、E(100万个T)或Z(10亿个T)。

2. 多样性

大数据的种类和来源多样化，包括结构化、半结构化和非结构化数据。由于互联网和通信科技的迅猛发展，现在的数据类型不再是早期单一的文本形式，有网络日志、音频、视频、图片、地理位置信息等。多样的数据类型对数据的处理能力提出了更高的要求。

3. 高速性

随着互联网以及物联网的广泛应用，数据增长非常迅猛，这就需要高速处理。时效性要求高，这是大数据区别于传统数据挖掘方式的显著特征。比如，搜索引擎要求信息实时更新，几分钟前的新闻能够被用户查到，个性化推荐算法尽可能要求实时完成推荐。在海量的数据面前，高效的处理速度是企业的生命，能够使利益最大化。

4. 价值性

价值的体现是相对的，数据可能对这个公司有用，但对另一个公司无用。每个公司经营的内容不一样，需要的信息就不一样。在浩瀚的数据里面寻找有价值的数据无异于大海捞针，因此数据价值密度相对较低，但又弥足珍贵。如何结合业务逻辑通过强大的机器算法来挖掘数据价值，是大数据时代最需要解决的问题。

5. 在线性

大数据不仅仅是规模大，更重要的是数据要在线，不能放在移动硬盘里，这是互联网高速发展背景下的特点。比如，对于订餐软件，客户下单的数据和饭店接单的数据都是实时在线的，这样数据才有意义，才能实现其商业价值。因此，数据只有在线，即数据与数据使用方(一般是产品开发者)和客户产生连接的时候才有意义。如某用户在使用某互联网应用时，其行为及时地传给数据使用方，数据使用方通过数据挖掘加工优化后，再推送给用户，提升用户的使用体验。

现在行业尤其是服务行业都讲究高效，所以大数据必须实时反应，并且呈现全貌。科技的发展使我们能够多角度、全方位地了解产品。比如，我们在网上平台输入一个商品，后台必须在众多商品中瞬间筛选并完整呈现出来。要是迟迟不出来，消费者可能不会再光顾该店铺。

1.1.4 大数据的研究方向

大数据技术是新一代技术，成本较低，以快速的采集、处理和分析技术，从海量的数据中提取价值。大数据技术的不断涌现和发展，让我们处理超大规模的数据更加容易、便宜和迅速，能更加有效地利用数据，甚至可以改变许多行业的商业模式。大数据技术的发展可以分为以下六大方向。

1. 采集与预处理方向

数据的多源和多样性，导致数据的质量存在差异，严重影响到数据的可用性，需要清洗和筛选。针对这些问题，目前很多公司已经推出了多种数据清洗和质量控制工具，如 IBM 的 Data Stage。

2. 存储与管理方向

大数据的显著特征是数据量大，存储规模大，而且数据来源和种类多样化，存储管理复杂，需要兼顾结构化、非结构化和半结构化数据。分布式文件系统和分布式数据库相关技术的发展正在有效地解决这些方面的问题。在大数据存储和管理方向，大数据索引和查询技术、实时及流式大数据存储与处理的发展是值得关注的。

3. 分析与挖掘方向

数据量在迅速膨胀的同时必然无法用人脑来推算、估测，或者用单台计算机进行处理，必须采用分布式计算架构，依托云计算的分布式处理、分布式数据库、云存储和虚拟化技术。因此，大数据的挖掘和处理必须用到云技术。越来越多的大数据数据分析工具和产品应运而生，如用于大数据挖掘的 R Hadoop 版、基于 MapReduce 开发的数据挖掘算法等。

4. 计算模式方向

大数据计算模式是根据大数据的不同数据特征和计算特征，从多样性的大数据计算问题和需求中提炼并建立的各种高层抽象或模型。目前出现了多种典型的计算模式，包括大数据查询分析计算（如 Hive）、批处理计算（如 Hadoop MapReduce）、流式计算（如 Storm）、迭代计算（如 HaLoop）、图计算（如 Pregel）和内存计算（如 Hana）。

5. 可视化分析方向

可视化是利用计算机图形学和图像处理技术，将数据转换成图形或图像在屏幕上显示出来，并进行交互处理的理论、方法和技术。可视化方式可以帮助人们探索和解释复杂的数据，有利于决策者挖掘数据的商业价值，进而有助于大数据的发展。

6. 隐私安全方向

大数据时代所面临的重大风险之一是用户的隐私保护问题，毕竟我们所有数据的收集、管理及处理都是通过互联网进行的，黑客很可能在攻击我们，收集有用的信息。近几年来国内外多起的密码泄漏、隐私侵权、大量公民信息被贩卖等事件，暴露了这方面存在的问题。因此，大数据的安全一直是企业和学术界非常关注的研究方向。我们对用户数据进行创新性挖掘的同时，还需要兼顾用户隐私的保护，两者是硬币的正反两面，缺一不可。我们在用大数据挖掘获取商业价值的时候，可以通过文件访问限制、基础设备加密、匿名化保护技术等来最大限度地保护数据安全。

1.1.5 我国大数据产业现状

《2019中国大数据产业发展报告》显示，截至2019年，我国大数据产业规模超过8000亿元，2023年年底将超过15000亿元，如图1-1所示。17个省市建立了大数据局，大数据安全维护机制日益完善。283所高校获批数据科学与大数据技术专业。全国有100多个大数据相关产业联盟成立，对大数据的发展起到推动作用。另外，大数据研发人员超过8万人，研发投入超过550亿元。

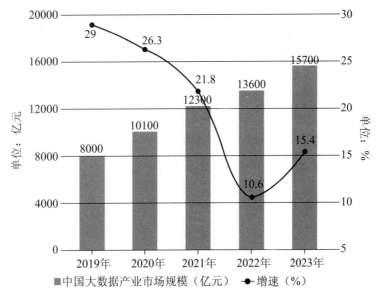

图1-1　2019—2023年我国大数据产业规模统计及增长情况预测（前瞻产业研究院）

从各地大数据产业发展情况看，目前形成了三大梯队。第一个梯队包括北京、上海、广州、江苏、浙江、贵州，这六个地方领跑全国大数据产业发展。其中，有的地方研发是强项，有的地方擅长数据存储、处理，有的地方则是应用服务方面做得不错。第二个梯队包括山东、福建、重庆等省市，这些地方正依托当地原有产业规模，发力大数据。其余地方则是第三梯队，大数据发展还相对比较落后。

从产业来看，互联网、金融、通信、安防等产业目前与大数据融合情况较好，交通、能源、工业等也在快速应用大数据。以工业为例，工业大数据产业规模到2019年有600多亿元，到2020年，复合增长超过50%，研发设计、生产、供应链、销售、运维等领域数据量越来越大。

报告同时指出，我国大数据产业发展也面临一些困难和问题。首先就是数据确权方面，数据是谁的？个人数据是归自己还是归平台？谁搜集的归谁还是服务器是谁的就归谁？这些问题在法律上还没有明确答案，有待进一步探索。

随着来自政策、技术以及市场等各方面的力量推进之下，大数据产业的发展潜力绝不能小觑。对此，业内人士还预期称，我国大数据产业正在从起步阶段步入黄金期。

1.2　人工智能概述

1997 年 5 月 11 日，IBM 超级计算机"深蓝"(Deeper Blue)战胜了国际象棋世界冠军卡斯帕罗夫；2011 年 2 月 17 日，在美国智力竞猜电视节目《危险边缘》中，IBM 超级计算机"沃森"(Watson)击败该节目历史上两位最成功的选手，人工智能正式进入民众的视野。

1.2.1　人工智能定义

人工智能的一个比较流行的定义，也是该领域较早的定义，是 1956 年麻省理工学院的约翰·麦卡锡在达特茅斯会议上提出的：人工智能就是要让机器的行为看起来就像是人所表现出的智能行为一样。但是这个定义似乎忽略了强人工智能的可能性。另一个定义指人工智能是人造机器所表现出来的智能。总体来讲，目前对人工智能的定义大多可划分为四类，即机器"像人一样思考""像人一样行动""理性地思考"和"理性地行动"。这里"行动"应广义地理解为采取行动，或制定行动的决策，而不是肢体动作。

人工智能是研究、开发用于模拟、延伸和扩展人类智能的理论、方法、技术及应用系统的一门新技术科学。

人工智能是计算机科学的一个分支，它企图了解智能的实质，并生产出一种新的能以人类智能相似的方式做出反应的智能机器。该领域的研究包括机器人、语言识别、图像识别、自然语言处理和专家系统等。人工智能从诞生以来，理论和技术日益成熟，应用领域也不断扩大。可以设想，未来人工智能带来的科技产品，将会是人类智慧的"容器"。人工智能可以对人的意识、思维的信息过程进行模拟。人工智能不是人的智能，但能像人那样思考，也可能超过人的智能。

人工智能是一门极富挑战性的科学，从事这项工作的人必须懂得计算机、心理学和哲学知识。人工智能包括十分广泛的科学，它由不同的领域组成，如机器学习、计算机视觉等。总的说来，人工智能研究的一个主要目标是使机器能够胜任一些通常需要人类智能才能完成的复杂工作。但不同的时代、不同的人对这种"复杂工作"的理解是不同的。

1.2.2　人工智能的学派与发展历程

人们使用不同的方法和途径研究人工智能，形成了不同学派的人工智能。人工智能的主要学派有以下三种。

1. 符号主义（symbolicism）

符号主义又称为逻辑主义（logicism）、心理学派（psychologism）或计算机学派（computerism），其原理主要为物理符号系统（即符号操作系统）假设和有限合理性原理。

符号主义认为人工智能源于数理逻辑。数理逻辑从 19 世纪末得以迅速发展，到 20 世纪 30 年代开始用于描述智能行为。计算机出现后，又在计算机上实现了逻辑演绎系统。正是这些符号主义者，早在 1956 年首先采用"人工智能"这个术语。后来又发展了启发式算法、专家系统、知识工程理论与技术，并在 20 世纪 80 年代取得很大发展。符号主义曾长期一枝独秀，为人工智能的发展做出重要贡献，尤其是专家系统的成功开发与应用，对人工智能走向工程应用和实现理论联系实际具有特别重要的意义。在人工智能的其他学派出现之后，符号主义仍然是人工智能的主流派别。这个学派的代表人物有纽厄尔、西蒙和尼尔逊等。

2. 连接主义（connectionism）

连接主义又称为仿生学派（bionicsism）或生理学派（physiologism），其主要原理为神经网络及神经网络间的连接机制与学习算法。

连接主义认为人工智能源于仿生学，特别是对人脑模型的研究。它的代表性成果是 1943 年由生理学家麦卡洛克和数理逻辑学家皮茨创立的脑模型，即 MP 模型，开创了用电子装置模仿人脑结构和功能的新途径。它从神经元开始进而研究神经网络模型和脑模型，开辟了人工智能的又一发展道路。20 世纪六七十年代，连接主义对以感知机（perceptron）为代表的脑模型的研究出现过热潮。由于受到当时的理论模型、生物原型和技术条件的限制，脑模型研究在 20 世纪 70 年代后期至 80 年代初期陷入低潮。直到霍普菲尔德教授在 1982 年和 1984 年发表两篇重要论文，提出用硬件模拟神经网络以后，连接主义才又重新抬头。1986 年，鲁梅尔哈特等人提出多层网络中的反向传播算法。此后，连接主义势头大振，从模型到算法，从理论分析到工程实现，为神经网络计算机走向市场打下基础。现在，研究者对人工神经网络（Artificial Neural Network，ANN）的研究热情仍然较高，但研究成果没有像预想的那样好。

3. 行为主义（actionism）

行为主义又称为进化主义（evolutionism）或控制论学派（cyberneticsism），其应用的原理为控制论及感知—动作型控制系统。

行为主义认为人工智能源于控制论。控制论思想早在 20 世纪四五十年代就成为时代思潮的重要部分，影响了早期的人工智能工作者。维纳和麦克洛克等人提出的控制论和自组织系统以及钱学森等人提出的工程控制论和生物控制论，影响了许多领域。控制论把神经系统的工作原理与信息理论、控制理论、逻辑以及计算机联系起来。早期的研究工作重点是模拟人在控制过程中的智能行为和作用，如对自寻优、自适应、自镇定、自组织和自学习等控制论系统的研究，并进行"控制论动物"的研制。到20世纪六七十年代，上述这些控制论系统的研究取得一定进展，播下智能控制和智能机器人的种子，并在20世纪80年代诞生了智能控制和智能机器人系统。行为主义是20世纪末才以人工智能新学派的面孔出现的，引起了许多人的兴趣。这一学派的代表作首推布鲁克斯的六足行走机器人，它被看作新一代的"控制论动物"，是一个基于感知—动作模式模拟昆虫行为的控制系统。

现代人工智能的研究已经汇集多种研究方法之长，相互渗透，走上共同发展的道路，从而推动了人工智能及智能科学的快速发展。我们将人工智能的发展历程划分为以下六个阶段。

1. 起步发展期（1956年至20世纪60年代初）

1956年夏，麦卡锡、明斯基等科学家在美国达特茅斯学院开会研讨"如何用机器模拟人的智能"，首次提出"人工智能"这一概念，标志着人工智能学科的诞生。人工智能概念提出后，相继取得了一批令人瞩目的研究成果，如机器定理证明、跳棋程序等，掀起人工智能发展的第一个高潮。

2. 反思发展期（20世纪60年代至70年代初）

人工智能发展初期的突破性进展大大提升了人们对人工智能的期望，人们开始尝试更具挑战性的任务，并提出了一些不切实际的研发目标。然而，接二连三的失败和预期目标的落空（如无法用机器证明两个连续函数之和还是连续函数，机器翻译闹出笑话等），使人工智能的发展落入低谷。

3. 应用发展期（20世纪70年代初至80年代中）

20世纪70年代出现的专家系统模拟人类专家的知识和经验解决特定领域的问题，实现了人工智能从理论研究走向实际应用、从一般推理策略探讨转向运用专门知识的重大突破。专家系统在医疗、化学、地质等领域取得成功，推动人工智能走入应用发展的新高潮。

4. 低迷发展期（20世纪80年代中至90年代中）

随着人工智能的应用规模不断扩大，专家系统存在的应用领域狭窄、缺乏常识性知识、知识获取困难、推理方法单一、缺乏分布式功能、难以与现有数据库兼容等问题逐渐暴露出来。

5. 稳步发展期（20世纪90年代中至2010年）

网络技术特别是互联网技术的发展，加速了人工智能的创新研究，促使人工智能技术进一步走向实用化。1997年，IBM公司"深蓝"超级计算机战胜了国际象棋世界冠军卡斯帕罗夫，2008年，IBM提出"智慧地球"的概念。

6. 蓬勃发展期（2011年至今）

随着大数据、云计算、互联网、物联网等信息技术的发展，泛在感知数据和图形处理器等计算平台推动以深度神经网络为代表的人工智能技术飞速发展，大幅跨越了科学与应用之间的"技术鸿沟"，如图像分类、语音识别、知识问答、人机对弈、无人驾驶等。人工智能技术实现了从"不能用、不好用"到"可以用"的技术突破，迎来爆发式增长的新高潮。

1.2.3 人工智能的研究领域

随着人工智能技术的发展，人工智能技术已经渗透到许多领域。人工智能的研究领域包括模式识别、博弈、机器学习、符号计算、逻辑推理与自动定理证明、自然语言处理、分布式人工智能、计算机视觉、专家系统、机器人学和神经网络等。

1. 模式识别

模式识别研究的是计算机的模式识别系统，通过计算机对数据样本进行特征提取，并用数学方法来研究模式的自动处理和判读，即用计算机代替人类或帮助人类感知模式。模式通常具有实体的形式，如声音、图片、图像、语言、文字、符号、物体和景象等，可以用物理、化学及生物传感器进行具体采集和测量。模式所指的不是事物本身，而是从事物获得的信息，因此，模式往往表现为具有时间和空间分布的信息。人们在观察、认识事物和现象时，常常寻找它与其他事物和现象的相同与不同之处，根据使用目的进行分类、聚类和判断，人脑的这种思维能力就构成了模式识别的能力。

2. 博弈

博弈本意是下棋，可泛指单方、双方或多方依靠"智力"获取成功或击败对手获胜等活动过程。博弈广泛地存在于自然界、人类社会的各种活动中，如蚁群寻觅食物时的最优路径选择，政治、经济、军事领域的合作、竞争与协商等。

人工智能在研究博弈问题时通常研究下棋程序，这是因为下棋是一个典型的智力问题，比较容易形式化棋盘状态、下棋规则及下棋的技巧性知识等，进而在计算机上表示与实现。人类专家可以对下棋程序的"智力"水平做出判断。

计算机博弈成为人工智能重要的理论研究和实验场所。博弈问题的求解过程通常是一个启发式搜索过程，它以棋盘的全部格局作为状态，以合法的走步为操作，以启发性知识为导航，在一个有限或无限的状态空间内寻找使自己到达获胜终局的路径。博弈中的很多概念、方法和成果对人工智能自身及其他领域提供了极具价值的参考和指导。

3. 机器学习

人类棋手在对弈过程中战胜他的教练大家并不觉得奇怪，为什么呢？因为人类棋手会学习，可以做到"青出于蓝而胜于蓝"。那么，机器在博弈的过程中能否战胜它的设计者？机器下棋时所使用的策略都是由其设计者设计出来的，而且人的很多知识、智慧难以形式化，所以，我们一般认为机器是不能战胜自己的设计者的。但是，如果机器也会学习呢？那么它也一定能够战胜它的设计者。因此，要模拟人类智能，机器需要具备学习能力。因此，机器具有智能的重要标志是机器学习，这是机器获取知识的根本途径。机器学习是人工智能的一个核心研究领域，它与认知科学、神经心理学、逻辑学等学科都有着密切的联系。

机器学习研究的主要目标是让机器自身具有获取知识的能力，使机器能够总结经验、修正错误、发现规律、改进性能，对环境具有更强的适应能力。我们通常要解决如下三个方面的问题。第一，选择训练经验。它包括如何选择训练经验的类型，如何控制训练样本序列，以及如何使训练样本的分布与未来测试样本的分布相似等子问题。第二，选择目标函数。所有的机器学习问题几乎都可以简化为学习某个特定的目标函数的问题，因此，目标函数的学习、设计和选择是机器学习领域的关键问题。第三，选择目标函数的表示。对于一个特定的应用问题，在确定了理想的目标函数后，接下来的任务是必须从很多（甚至是无数）种表示方法中选择一种最优或近似最优的表示方法。

4. 符号计算

计算机最主要的用途之一就是科学计算。科学计算可分为两类：一类是纯数值的计算，如求函数的值、方程的数值解；另一类是符号计算，又称代数运算，这是一种智能化的计算，处理的是符号。符号可以代表实数和复数，也可以代表多项式、函数和集合等。长期以来，人们一直盼望有一个可以进行符号计算的计算机软件系统。早在 20 世纪 50 年代末，人们就开始对此研究。进入 20 世纪 80 年代后，随着计算机的普及和人工智能的发展，相继出现了多种功能齐全的计算机代数系统软件，其中 Mathematica 和 Maple 是它们的代表，由于它们都是用 C 语言写成的，所以可以在绝大多数计算机上使用。Mathematica 是第一个将符号运算、数值计算和图形显示很好地结合在一起的数学软件，用户能够方便地用它进行多种形式的数学处理。

计算机代数系统的优越性主要在于它能够进行大规模的代数运算。通常，我们用笔和纸进行代数运算只能处理符号较少的算式，当算式的符号上升到百位数后，手工计算就很困难了，这时用计算机代数系统进行运算就可以做到准确、快捷、有效。现在符号计算软件有一些共同的特点就是在可以进行符号运算、数值计算和图形显示等同时，还具有高效的可编程功能。操作界面一般都支持交互式处理，人们通过键盘输入命令，计算机处理后即显示结果，且人机界面友好，命令输入方便灵活，很容易寻求帮助。

5. 逻辑推理与自动定理证明

早期的逻辑演绎研究工作与问题的求解相当密切。已经开发出的程序能够借助于对事实数据库的操作来"证明"断定。其中每个事实由分立的数据结构表示，就像数理逻辑中由分立公式表示一样。

逻辑推理是人工智能研究中最持久的领域之一，特别重要的是要找到一些方法，只把注意力集中在一个大型数据库中的有关事实上，留意可信的证明，并在出现新信息时适时修正这些证明。

自动定理证明又称为机器定理证明，是数学和计算机科学相结合的研究课题。人类思维中演绎推理能力的重要体现是数学定理的证明。演绎推理实质上是符号运算，因此原则上可以用机械化的方法来进行。数理逻辑的建立使机器定理证明的设想有了更明确的数学形式。1965年，鲁宾孙提出了一阶谓词演算中的归结原理，这是机器定理证明的重大突破。1976年7月，美国的阿佩尔等人合作解决了长达124年之久的难题——四色定理。这表明，利用电子计算机有可能把人类思维领域中的演绎推理能力推进到前所未有的境界。我国人工智能大师吴文俊院士在1976年年底开始研究可判定问题，即论证某类问题是否存在统一算法解。他在微型机上成功地设计了初等几何与初等微分几何中一大类问题的判定算法及相应的程序，被国际上称为"吴氏方法"，是定理证明的一个标志性成果。后来，我国数学家张景中等人进一步推出了"可读性证明"的机器证明方法，再一次轰动了国际学术界。

6. 自然语言处理

自然语言处理是研究实现人类与计算机系统之间用自然语言进行有效通信的各种理论和方法。由于目前计算机系统与人类之间的交互还只能使用严格限制的各种非自然语言，因此解决计算机系统能够理解自然语言的问题，一直是人工智能研究领域的重要研究课题之一。实现人机间自然语言通信意味着计算机系统既能理解自然语言文本的意义，也能生成自然语言文本来表达给定的意图和思想等。而语言的理解和生成是一个极为复杂的解码和编码问题。一个能够理解自然语言的计算机系统看起来就像一个人一样，它需要有上下文知识和信息，并能用信息发生器进行推理。理解口头和书写语言的计算机系统的基础就是表示上下文知识结构的某些人工智能思想，以及根据这些知识进行推理的某些技术。目前该领域的主要课题是：计算机系统如何以主题和对话情境为基础，注重大量的常识——世界知识和期望作用，生成和理解自然语言。

7. 分布式人工智能

分布式人工智能出现于20世纪70年代后期，是人工智能研究的一个重要分支。分布式人工智能是分布式计算与人工智能结合的结果。它主要研究在逻辑上或物理上分散的智能动作者如何协调其智能行为，求解单目标和多目标问题，为设计和建立大型复杂的智能系统或计算机支持协同工作提供有效途径。它所能解决的问题需要整体互动所产生的整体智能来解决。主要研究内容是分布式问题求解。分布式人工智能系统一般由多个智能体组成，每一个智能体又是一个半自治系统，智能体之间以及智能体与环境之间进行并发活动，并通过交互来完成问题求解。

8. 计算机视觉

计算机视觉是各个应用领域，如制造业、检验、文档分析、医疗诊断和军事等领域中各种智能系统中不可分割的一部分，涉及计算机科学与工程、信号处理、物理学、应用数学和统计学、神经生理学和认知科学等多个领域的知识，已成为一门不同于人工智能、图像处理和模式识别等相关领域的成熟学科。计算机视觉研究的最终目标是，使计算机能够像人那样通过视觉观察和理解世界，具有自主适应环境的能力。

计算机视觉研究的任务是理解一个图像，这里的图像是利用像素所描绘的景物。其研究领域涉及图像处理、模式识别、景物分析、图像解释、光学信息处理、视频信号处理以及图像理解。这些领域可分为如下三类。第一类是信号处理，即研究把一个图像转换为具有所需特征的另一个图像的方法。第二类是分类，即研究如何把图像划分为预定类别。分类是从图像中抽取一组预先确定的特征值，然后根据用于多维特征空间的统计决策方法决定一个图像是否符合某一类。第三类是理解，即在给定某一图像的情况下，一个图像理解程序不仅描述这个图像的本身，而且也描述该图像所描绘的景物。

计算机视觉的前沿研究领域包括实时并行处理、主动式定性视觉、动态和时变视觉、三维景物的建模与识别、实时图像压缩传输和复原、多光谱和彩色图像的处理与解释等。计算机视觉已在机器人装配、卫星图像处理、工业过程监控、飞行器跟踪和制导以及电视实况转播等领域获得极为广泛的应用。

9. 专家系统

专家系统是一个具有大量专门知识与经验的程序系统。它应用人工智能技术，根据某个领域一个或多个人类专家提供的知识和经验进行推理和判断，模拟人类专家的决策过程，解决那些需要专家决定的复杂问题，而且能帮助人类专家发现推理过程中出现的差错。目前在许多领域，专家系统已取得显著效果。专家系统与传统计算机程序的本质区别在于，专家系统所要解决的问题一般没有算法解，并且经常要在不完全、不精确或不确定的信息基础上做出结论。它可以解决的问题一般包括解释、预测、诊断、设计、规划、监视、修理、指导和控制等。从体系结构上可分为集中式专家系统、分布式专家系统、协同式专家系统、神经网络式专家系统等；从方法上可分为基于规则的专家系统、基于模型的专家系统、基于框架的专家系统等。

10. 机器人学

在科幻电影里可以看到许多机器人，其具有人的外形，甚至穿着各种时尚的机甲，而且相当聪明。例如，科幻电影《我，机器人》及《机器人总动员》中的机器人就是这类机器人的代表。机器人学是人工智能研究中日益受到重视的一个分支。一些并不复杂的动作控制问题，如移动式机器人的机械动作控制问题，表面上看并不需要很多智能。这些人类下意识就能完成的任务，要由机器人来实现就要求机器人具备在求解需要较多智能的问题时所用到的能力。

机器人和机器人学的研究促进了许多人工智能思想的发展。它所产生的一些技术可以用来模拟世界的状态，用来描述从一种世界状态转变为另一种世界状态的过程。

智能机器人(图1-2)的研究和应用涉及众多的课题,体现出广泛的学科交叉,如机器人体系结构、机器人装配、恶劣环境下的机器人以及机器人语言等。目前机器人在工业、农业、商业、旅游业以及国防等领域获得越来越普遍的应用。近年来,智能机器人的研发与应用引起了全世界学者的广泛关注,极大地推动了智能制造和智能服务等领域的发展。

图1-2 智能机器人

11. 神经网络

神经网络的研究始于20世纪40年代初期。神经网络处理直觉和形象思维信息具有比传统处理方式好得多的效果,是众多学科研究的综合成果。人脑是一个功能特别强大、结构异常复杂的信息处理系统,其基础是神经元及其互联关系,这是神经生理学家、心理学家与计算机科学家共同研究得出的结论。因此,对人脑神经元和人工神经网络的研究,可能创造出新一代人工智能机——神经计算机。

神经网络是一种运算模型,由大量的节点(或称神经元)和节点之间的相互连接构成。每个节点代表一种特定的输出函数,称为激励函数(activation function)。每两个节点间的连接都代表一个对于通过该连接信号的加权值,称为权重,这相当于人工神经网络的记忆。网络的输出因网络的连接方式、权重值和激励函数的不同而不同。网络自身通常都是对自然界某种算法或者函数的逼近,也可能是对一种逻辑策略的表达。

对神经网络模型、算法、理论分析和硬件实现的大量研究,为神经计算机走向应用提供了基础。人们期望神经计算机通过模拟大脑神经网络处理、记忆信息的方式进行信息处理。

1.2.4 人工智能适逢大数据

科技正在进入一个新的时代,这个时代的一个典型特征就是数据成为一种宝贵的财富。在海量的数据支撑下，科技越来越智能，不仅能"听懂"人类的语言，还能"看懂"人类的表情，帮人类做出更为科学的决策，解决人类的困难。而在这些科技进步的背后离不开数据处理技术的飞速发展，从商业智能、大数据到人工智能，人类对数据的处理能力不断提升，数据背后的商业价值的发掘技术不断更新。

当人工智能遇上大数据，一场严酷的商业革命正在风云迭起。大数据带来的信息风暴正在变革我们的生活、工作和思维方式，开启了一次重大的时代转型。这个过程，人工智能成为升级体验、解放生产力的重要手段。大数据的发展离不开人工智能，而任何智能的发展，都是一个长期学习的过程，需要大数据的支持。近年来人工智能之所以能取得突飞猛进的进展，正是因为这些年来大数据长足发展的结果。由于各类感应器和数据采集技术的发展，人类开始拥有以往难以想象的海量数据，同时，也开始在某一领域拥有深度的、详尽的数据。并基于这些数据，训练该领域以及相关领域的"智能"。

人工智能就像是一个嗷嗷待哺拥有无限潜力的婴儿，某一领域专业的、海量的、深入的、详尽的数据就是喂养这个天才婴儿的奶粉。奶粉的数量决定了婴儿是否能长大，而奶粉的质量在一定程度上决定了婴儿后续的智力发育水平。

与以前的众多数据分析技术相比，人工智能技术立足于神经网络，同时基于此基础发展出多层神经网络，从而可以进行深度机器学习。与以往传统的算法不同，这一算法并无多余的假设前提（如线性建模需要假设数据之间的线性关系），而是完全利用输入的数据自行模拟和构建相应的模型结构。这一算法特点决定了它拥有更为灵活的、且可以根据不同的训练数据而拥有自优化的能力。

但这一显著的优点带来的是运算量的显著增加。在计算机运算能力取得突破以前，这样的算法几乎没有实际应用的价值。十几年前，我们尝试用神经网络运算一组并不海量的数据，等待好几天都不一定会有结果。但现在，高速并行运算、海量数据、更优化的算法共同促成了人工智能发展的突破。

从长期来看，大数据、人工智能等新技术作为重要治理工具的广泛应用与推广，将有助于整合治理资源、优化治理结构、提升治理效能。

1.3　大数据与人工智能的机遇与挑战

1.3.1　大数据与人工智能面临的难题

人工智能已经发展了几十年，虽然对研究解释和模拟人类智能行为及其规律这一总目标来说，已经取得了很大的进展。但从整体发展情况来看，人工智能发展过程曲折，而且还面临着不少难题。

1. 技术难题

(1)机器翻译

机器翻译遇到的最主要的问题是歧义性问题。构成句子的单词和歧义性问题一直是自然语言理解(Natural Language Understanding，NLU)中的一大难关。不同的语境，句子的含义也可能天差地别。因此要想消除歧义，正确翻译句子语意必须结合具体语境。但是，现有的翻译方式通常都是将句子甚至词组作为理解单元，翻译结果往往忽视具体语境。此外，即使能把原文语意理解到位，如何将其正确地表示成另一种语言，也是一个难题。现有的自然语言理解系统无法随着时间增长而提高解读能力，学习深度不够。

(2)自动定理证明

自动定理证明需要机器拥有一套智能系统，不仅能够对现有条件进行合理演绎，还要能够做出正确判定。这一领域的代表性工作是1965年鲁宾孙提出的归结原理。归结原理虽然简单易行，但它所采用的方法是演绎，而这种形式上的演绎与人类自然演绎推理方法是截然不同的。基于归结原理的演绎推理要求把逻辑公式转化为子句集合，从而丧失了其固有的逻辑蕴含语义。

(3)模式识别

使用计算机进行模式识别的研究与开发已取得大量的成果，有的已经转化为产品投入使用，但是它的理论和方法与人的感官识别机制是全然不同的。一方面，人的识别手段、形象思维能力是任何先进的计算机识别系统都望尘莫及的；另一方面，在现实世界中，生活并不是一项结构严密的任务，一般的动物都能轻而易举地对付，但机器不会，这并不是说它们永远不会，而是说目前不会。技术的发展总是超乎人们的想象，要准确地预测人工智能的未来是不可能的。但是，从目前的一些前瞻性研究可以看出，未来人工智能可能会向以下几个方面发展：模糊处理、并行化、神经网络和机器情感。

2. 数据安全风险

中国信息通信研究院发布的《人工智能数据安全白皮书(2019)》指出了人工智能面临的几大数据安全风险。

(1)"数据投毒"不容忽视

训练数据被污染可导致人工智能决策错误。"数据投毒"是指通过在训练数据里加入伪装数据、恶意样本等破坏数据的完整性，进而导致训练的算法模型决策出现偏差。"数据投毒"危害巨大。在自动驾驶领域，"数据投毒"可导致车辆违反交通规则甚至造成交通事故；在军事领域，通过信息伪装的方式可诱导自主性武器启动或攻击，从而带来毁灭性风险。

运行阶段的数据异常可导致智能系统运行错误。同时，模型窃取攻击可对算法模型的数据进行逆向还原。此外，开源学习框架存在安全风险，也可导致人工智能系统数据泄露。

（2）人工智能应用催生新风险

人工智能应用可导致个人数据过度采集，加剧隐私泄露风险。随着各类智能设备（如智能手环、智能音箱）和智能系统（如生物特征识别系统、智能医疗系统）的应用普及，人工智能设备和系统对个人信息采集更加直接与全面。相较于互联网对用户上网习惯、消费记录等信息的采集，人工智能应用可采集用户人脸、指纹、声纹、虹膜、心跳、基因等具有强个人属性的生物特征信息。这些信息具有唯一性和不变性，一旦被泄露或者滥用将会对用户权益造成严重影响。

人工智能放大数据偏见歧视影响，威胁社会公平正义。人工智能技术的数据深度挖掘分析也将加剧数据资源滥用现象的发生，将加大社会治理和国家安全的挑战。具体而言，一是在社会消费领域，可带来差异化定价；二是在信息传播领域，可引发"信息茧房"效应。

同时，人工智能技术也能够提升网络攻击的智能化水平，进而进行数据智能窃取。一是人工智能可用来自动锁定目标，进行数据勒索攻击。人工智能技术可通过对特征库学习自动查找系统漏洞和识别关键目标，提高攻击效率。二是人工智能可自动生成大量虚假威胁情报，对分析系统实施攻击。人工智能通过使用机器学习、数据挖掘和自然语言处理等技术处理安全大数据，能够辅助自动化地生产威胁性情报，攻击者也可利用相关技术生成大量错误情报以混淆判断。三是人工智能可自动识别图像验证码，窃取系统数据。图像验证码是一种防止机器人账户滥用网站或服务的常用验证措施，通过解决视觉难题来验证人类用户，以有效区分拦截恶意程序，保护系统数据安全。

（3）数据治理挑战加剧

人工智能提升了数据资源价值，使得数据权属问题更为突出。从个人层面上看，数据权属体现为用户的数据权利，个人隐私保护面临挑战。用户个人隐私信息含金量高，是人工智能技术与产业发展的重要驱动。然而，相关机构在利用用户数据时往往忽视用户个人隐私权益。从行业层面上看，数据权属体现为企业的数据产权，数据垄断损害行业整体发展。人工智能技术使数据经济价值越发凸显，数据已成为企业的核心资产，相关企业积极储备数据资源，并阻止竞争对手获得数据，力图垄断数据资源来使企业利益最大化。

数据产权之争将加剧数据垄断。一方面，科技巨头依托网络覆盖和用户规模，加强数据汇聚；另一方面，人工智能使中小企业获取数据的渠道受限，数据资源匮乏。企业在数据产权没有被广泛认可，以及数据流动环节存在安全风险的前提下，无论是从维护自身利益角度还是从遵守法律法规角度出发，都不愿将自身数据进行共享，这将导致初创企业和研究机构在算法设计和优化过程中无数据可用，损害人工智能行业整体发展。

1.3.2 大数据与人工智能的前景

人工智能一直处于计算机技术的前沿，其研究的理论和发现在很大程度上将决定计算机技术的发展方向。如今，已经有很多人工智能的研究成果进入人们的日常生活。甚至可以说，人工智能无处不在。未来，人工智能技术的发展将会给人们的生活、工作和教育等带来更大的影响。

人工智能的发展离不开大数据，将行业大数据和人工智能技术相互融合，生成大数据人工智能。各行各业正在加速变革，以适应大数据智能技术带来的挑战。基于大数据深度学习的阿尔法狗(AlphaGo)，不仅在围棋领域战胜了人类顶尖高手，而且向医疗健康领域的拓展速度更是惊人，如基于深度学习技术的皮肤癌诊断、眼疾诊断和心脏病预测等已经达到或超过普通医生的水平。IBM沃森医疗集团的认知人工智能系统"沃森"，基于大数据和人工智能自然语言处理技术，短时间内能自学数十万篇医学论文，从而找出癌症治疗的关键基因，为个性化健康检测和精准医疗提供了强大的智能技术手段。如何抢占大数据和人工智能应用高地，同时掌握相关核心技术和知识产权，是各国大数据和人工智能战略聚焦的重点。

大数据智能的成功普及将是传统信息化的终点。换句话说，信息化走向智能化之后，整个信息技术相关的产业链(包括传统产业的升级)都会产生质的变化。大数据智能应用的终极目标是利用一系列智能算法和信息处理技术实现海量数据条件下的人类深度洞察和决策智能化，最终走向人机智能融合。这不仅是传统信息化管理的扩展延伸，而且是人类社会发展管理智能化的核心技术驱动力。大数据智能代表了一种新的认知范式。图灵奖得主，关系数据库的鼻祖詹姆斯·尼古拉·格雷将人类科学的发展定义为四个"范式"。几千年前的科学，以记录和描述自然现象为主，称为"实验科学"，即第一范式，其典型案例如钻木取火。数百年前，科学家们开始利用模型归纳总结过去记录的现象，发展出"理论科学"，即第二范式，其典型案例如牛顿三定律、麦克斯韦方程组、相对论等。过去数十年，科学计算机的出现，诞生了"计算科学"，对复杂现象进行模拟仿真，推演出越来越多复杂的现象，即第三范式，其典型案例如模拟核试验、天气预报等。今天，以及未来科学的发展趋势是，随着数据量的高速增长，计算机将不仅仅能做模拟仿真，还能进行分析总结，得到理论。也就是说，过去由牛顿、爱因斯坦等科学家从事的工作，未来可以由计算机来做。詹姆斯·尼古拉·格雷将这种科学研究的方式，称为第四范式，即数据密集型科学。

大数据智能就类似詹姆斯·尼古拉·格雷提出的"第四范式"，我们如何看待周遭的世界，没有大数据时是靠归纳总结和实验模拟，当然经验和直觉也很重要，而大数据的兴起，前面三种范式的做法必然面临挑战，推理、经验和直觉等能力在庞杂的大数据面前会大打折扣。就像我们的科学发展史一样，大数据智能的普及将是对传统认知方法的颠覆，人类的科学发展是一部理性战胜感性的历史，望远镜改变了我们对宇宙的看法；显微镜改变了我们对微观世界的认知；而当前通过大数据智能技术来解释我们亲手构建的数字世界，也意味着我们即将跨入一种新的认知范式时代。真正的大数据智能，既能像望远镜一样宏观，也能像显微镜一样微观，可以让我们通过对多维数字空间的自动投影、变换、关联等来更好地理解和掌控周遭的数字世界。当然这个过程也伴随着风险，大数据环境下的数权意味着更重大的责任，如何重构权责关系？智能更是意味着机器的觉醒，如何控制负面影响？值得我们深思。

1.4　本章小结

随着社会信息化应用领域的拓展，计算机技术高速发展，衍生出大数据和人工智能两个重要分支。在当前大数据产业链逐渐成熟的大背景下，大数据与人工智能的结合在向更全面的方向发展。

本章首先介绍了不同学者对大数据和人工智能的定义，详细介绍了大数据和人工智能的发展历程和研究方向（领域），展现了其研究现状。其次，揭示了大数据和人工智能的关系——大数据是人工智能的基础，两者相互融合形成了大数据人工智能。再次，介绍了大数据和人工智能面临的技术难题和安全风险。最后，展望了大数据和人工智能的前景，未来大数据和人工智能技术的发展将会给人们的生活、工作和教育等带来更大的影响。

▶▶ 思考题

(1)什么是大数据？它有哪些特点？

(2)大数据的主要研究方向有哪些？

(3)什么是人工智能？

(4)人工智能的主要研究领域有哪些？

(5)简述人工智能与大数据的关系。

(6)简述大数据与人工智能的应用前景。

第 2 章　大数据技术

当人们谈到大数据时，并非仅指数据本身，而是数据和大数据技术这二者的综合。所谓大数据技术，是指伴随着大数据的采集、存储、分析和应用的相关技术，是一系列使用非传统的工具来对大量的结构化、半结构化和非结构化数据进行处理，从而获得分析和预测结果的一系列数据处理和分析技术。同时需要指出的是，从广义的层面来说，大数据技术既包括近些年发展起来的分布式存储和计算技术（如 Hadoop、Spark等），也包括在大数据时代到来之前已经具有较长发展历史的其他技术，如数据采集、数据清洗、数据可视化、数据安全和隐私保护等。

本章重点介绍大数据的特性以及大数据分析全流程所涉及的各种技术，包括数据采集与预处理、数据存储、数据处理与分析、数据可视化、数据安全和隐私保护等。

2.1　数据的多样性

在大数据时代，数据格式变得越来越多样，涵盖了文本、音频、图片、视频、模拟信号等不同的类型；数据来源也越来越多样，不仅产生于组织内部运作的各个环节，也来自组织外部。

2.1.1　数据格式的多样性

早期的数据，在企业数据的语境里主要是文本，如电子邮件、文档、健康/医疗记录等。随着互联网和物联网的发展，又扩展到网页、社交媒体、感知数据，涵盖音频、视频、图片、模拟信号等，真正诠释了数据格式的多样性。下面主要介绍几种常见的数据格式。

1. 文本数据

文本数据是最普通也是最常见的数据类型。例如，每天用社交软件产生的大量信息都是采用文本的形式进行记录和保存的。现在计算机处理得最完善和最成熟的就是文本数据。

2. 音频数据

音频数据比较具有代表性的是 MP3 格式的数据。在线音乐就是网络上的音频数据。音频数据相对于视频数据而言，占据的存储空间较小。用户的手机通话录音、微信语音信息等都是音频数据。

3. 图片数据

图片数据比较常见。图片数据主要用于记录静态信息，给人以直观的感觉。

4. 视频数据

日常生活中的视频数据非常普遍，如社交软件的视频聊天数据、各种媒体网站上的电影数据、电视剧数据等都是视频数据。这些数据的特点是：占据存储空间大、在网络的传输中占据大量带宽资源。

2.1.2　数据来源的多样性

数据来源有很多种，包括公司或者机构的内部来源和外部来源，分为以下几类。

1. 交易数据

交易数据包括信用卡刷卡数据、电子商务数据、互联网点击数据、"企业资源规划"系统数据、销售系统数据、客户关系管理系统数据、公司的生产数据、库存数据、订单数据、供应链数据等。

2. 移动通信数据

能够上网的智能手机等移动设备越来越普遍。移动通信设备记录的数据量和数据的立体完整度，常常优于各家互联网公司掌握的数据。移动设备上的软件能够追踪和沟通无数事件，从运用软件储存的交易数据(如搜索产品的记录事件)到个人信息资料或状态报告事件(如地点变更即报告一个新的地理编码)等。

3. 人为数据

人为数据包括电子邮件、文档、图片、音频、视频，以及通过社交媒体产生的数据流。这些数据大多数为非结构性数据，需要用文本分析功能进行分析。

4. 机器和传感器数据

机器和传感器数据是指来自感应器、量表和其他设施的数据。这包括功能设备创建或生成的数据，如智能温度控制器、智能电表、工厂机器和连接互联网的家用电器的数据。来自物联网的数据是机器和传感器所产生的数据的例子之一。

5. 互联网数据

互联网上的"开放数据"来源于政府机构、非营利组织和企业等免费提供的数据。

2.1.3　数据用途的多样性

1. 应用于医疗

大数据应用于医疗方面，主要是通过收集数据并对大数据加以分析，从而对疾病起到预防和治疗作用。患者戴上大数据设备后，该设备可以收集到有意义的数据，通过大数据分析可以监测病人的生理状况，从而帮助医生对病人进行及时、准确、有效的治疗。据报道，大数据分析可以在几分钟内解码整个 DNA 链，从而找到新的治疗方法，同时还能使人们更好地理解和预测疾病模式。

2. 应用于金融行业

大数据在金融行业的主要应用是金融交易。很多股权交易都是利用大数据算法进行的，这些算法可以迅速决定是否将商品卖出，使交易环节变得更加简洁、准确。在这个大数据时代，把握市场机遇、迅速实现大数据商业模式创新尤为重要。

3. 应用于地理信息

地理信息系统需要对相关空间信息进行及时处理，还有大量存储数据的工作任务。将大数据技术合理应用于地理信息系统不仅能及时处理地理信息，还能提高处理结果的准确度。

4. 应用于消费

要想立足于未来市场，构建大数据库并充分利用大数据技术尤为重要。各电商平台会通过大数据技术自动记录用户的交易数据，并对其信用进行分析，日积月累后形成一个庞大的数据库，为后续的金融业务布局提供数据进行征信及风控。

5. 应用于制造业

大数据影响生产力，即通过大数据分析使机器和设备在应用上更加智能化和自主化，使生产过程更加简洁、准确、安全，以提高生产制造的能力。除此之外，大数据技术能够帮助企业了解顾客喜好，从而投其所好，生产市场需求的产品。

2.2　大数据处理的一般流程

大数据处理的一般流程包括：数据采集、数据存储、数据清洗、数据建模、数据处理、数据分析、数据可视化等(图 2-1)。

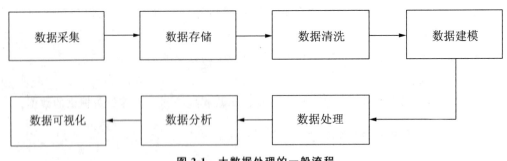

图 2-1　大数据处理的一般流程

1. 数据采集

数据采集是指将不同数据源的数据自动收集到一个装置中。被采集数据是已被转换为电信号的各种物理量，可以是模拟量，也可以是数字量。采集的数据大多是瞬时值，也可以是某段时间内的一个均值。一般的采样方式是重复采集，即每隔一个采样周期对同一个点的数据重复采集。

2. 数据存储

数据存储是指借助某种存储工具或媒介（如移动硬盘、光盘、磁带等），对采集到的数据进行持久化的保存，以便将来能够对数据进行检索或备份。数据存储一般存放在文件或者数据库中。

3. 数据清洗

数据清洗是指把非格式化或"污染"的数据，经过特定的处理，规范化或格式化为标准格式的数据，以供用户分析和决策使用。数据清洗的目的在于使数据达到准确性、完整性、一致性、适时性和有效性等要求，以支持后续对数据的处理。

4. 数据建模

数据建模是指定义支持商业流程所需要的数据要求的过程。数据建模需要专业建模师和系统潜在用户的紧密参与。数据建模的最终目的是提升用户使用系统的效率。不同的模型可以解决不同的问题，通常为了实现某种目的，可以建立多种数据模型。

5. 数据处理

数据处理是对数据的采集、存储、检索、加工、变换和传输等操作。数据处理的目的在于从海量的杂乱无章的数据中抽取并推导出某些特定的对人们生产有价值、有意义的数据。

6. 数据分析

数据分析是指从海量的数据中，利用数据挖掘的方法获取有用的、有价值的数据信息。数据分析可以通过软件辅助完成，借助图表等直观的表达方式为领导和决策者提供帮助。

7. 数据可视化

数据可视化是指把数据通过直观的可视化的方式展示给用户，通常采用开源的可视化工具，也可以自己编写一些可视化软件。数据可视化的作用是更加直观地显示给用户有用的信息。

2.3　数据采集与预处理

2.3.1　数据采集的概念

数据采集，又称"数据获取"，是数据分析的入口，也是数据分析过程中相当重要的一个环节，它通过各种技术手段把外部各种数据源产生的数据实时或非实时地采集并加以利用。数据采集技术广泛应用在各个领域，如摄像头、麦克风等都是数据采集工具。

在互联网行业快速发展的今天，数据采集已经被广泛应用于互联网及分布式领域，数据采集领域已经发生了重要的变化。首先，分布式控制应用场合中的智能数据采集系统在国内外已经取得了长足的发展。其次，总线兼容型数据采集插件的数量不断增加，与个人计算机兼容的数据采集系统的数量也在增加。国内外各种数据采集设备先后问世，将数据采集带入了一个全新的时代。

2.3.2　数据采集的方法

大家可以使用很多方法来收集数据，如制作网络爬虫从网站上爬取数据，从简易信息聚合反馈或者应用程序接口中得到信息，设备发送过来的实测数据(如温度、血糖值等)。提取数据的方法非常多，为了节省时间与精力，可以使用公开可用的数据源。常用的几种数据采集方法如下。

1. DPI 采集方式

这种方式采集的数据大部分是"裸格式"的数据，即数据未经过任何处理，可能包括超文本传输协议（Hyper Text Transport Protocol，HTTP）、文件传输协议（File Transfer Protocol，FTP）、简单邮件传输协议（Simple Mail Transfer Protocol，SMTP）等数据。数据可能来源于 QQ、微信或其他应用程序，或来自爱奇艺、腾讯视频、优酷等视频提供商。每英寸点数(Dots Per Inch，DPI)数据采集软件主要部署在骨干路由器上，用于采集底层的网络大数据。目前有一些对 DPI 采集到的数据进行分析的开源工具，如 nDPI 等。

2. 系统日志采集方法

很多企业都有自己的业务管理平台，每天会产生大量的日志数据。日志采集系统的主要功能就是收集业务日志数据为决策者提供离线和在线分析使用。这种日志采集软件必须具备高可用性、高可靠性和高可扩展性等基本特性，并且能满足每秒数百兆字节的日志数据采集和传输需求，如 Hadoop 的 Chukwa、Cloudera 的 Flume、Facebook 的 Scribe 等大数据采集平台。

3. 网络数据采集方法

这种方法主要针对非结构化数据的采集。网络数据采集方式是指通过网络爬虫或网站公开应用程序接口等方式从网站上获取数据信息的方法。该方法可以将非结构化数据从网页中抽取出来，将其存储为统一的本地数据文件，并以结构化的方式存储。它支持图片、音频、视频等文件或附件的采集，附件与正文可以自动关联。

用该方法进行数据采集和处理的基本步骤如图 2-2 所示：①将需要抓取数据网站的统一资源定位器（Uniform Resource Locator，URL）信息写入统一资源定位器队列

（URL Queue）；②爬虫从统一资源定位器队列中获取需要抓取数据网站的网址信息；③爬虫从互联网抓取对应网页内容，并抽取其特定属性的内容值；④爬虫将从网页中抽取的数据写入数据库；⑤数据处理进程（Data Process，DP）读取爬虫数据，并进行处理；⑥数据处理进程将处理后的数据写入数据库。

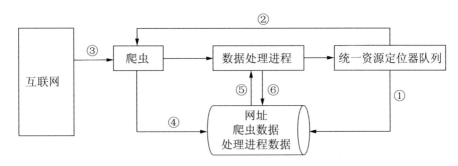

图 2-2　网络数据采集和处理

4. 数据库采集

一些企业会使用传统的关系型数据库，如 MySQL 和 Oracle 等存储数据。除此之外，Redis 和 MongoDB 这样的 NoSQL 数据库也常用于数据的采集。这种方法通常在采集端部署大量数据库，并对如何在这些数据库之间负载均衡和分片进行深入的思考和设计。

5. 其他数据采集方法

对于企业生产经营数据或学科研究数据等保密性要求比较高的数据，可以通过与企业或研究机构合作，使用特定的系统接口等相关方式采集数据。

2.3.3　数据预处理

狭义上来说，大数据即大量的数据，这种理解下的大数据本身并没有价值，它只是一堆结构或者非结构的数据集合。而有价值的是隐藏在大数据背后看不见的信息集，这就是互联网中的数据价值。人们拿到这些信息后可以利用它们进行各种判断与决策。因此，需要用各种方法对大数据进行分析与挖掘，获取其中蕴含的智能的、深入的、有价值的信息。

但是，在拿到一个数据集之后，如果直接用各种算法进行分析挖掘，往往不能准确、高效地得到结果。现实世界中的数据大体上都是不完整、不一致，且含有噪声的"脏数据"，无法直接进行数据挖掘，或挖掘结果不能令人满意。不一致是指数据内涵出现不一致的情况，不完整是指数据中缺少研究者感兴趣的属性，噪声是指数据中存在的错误或异常（偏离期望值）的数据。

没有高质量的数据，就没有高质量的挖掘结果。为了提高数据挖掘的质量，数据的预处理技术应运而生。数据预处理主要包括以下方法。

1. 数据清洗

通过填写缺失的值、光滑噪声数据、识别或删除离群点并解决不一致性来"清理"数据。主要达到如下目标：格式标准化、异常数据清除、错误纠正、重复数据的清除。

2. 数据集成

将多个数据源中的数据结合起来并统一存储，建立数据仓库的过程实际上就是数据集成。

3. 数据变换

通过平滑、聚集、规范化、最小最大化等方法，把原始数据转换成为适合数据挖掘的形式。

4. 数据归约

数据归约包括维归(删除不相关的属性)，数据压缩(PCA、LDA、SVD、小波变换)，数值归约(回归和对数线形模型、线形回归、对数线形模型、直方图)。

这些处理技术在数据挖掘之前使用，能大大提高数据挖掘模式的质量，并且显著降低实际操作所需的时间。

2.4 数据存储与数据仓库

2.4.1 数据存储

数据存储，即将数据以某种格式记录在计算机内部或外部存储介质上。总体来讲，数据存储方式有三种：文件、数据库、网络。其中文件和数据库可能用得稍多一些，文件用起来较为方便，程序可以自己定义格式；数据库用起来稍烦琐一些，但也有它的优点，如有查询功能、可以加密、可以跨应用和跨平台等；网络则用于比较重要的事情，如科研、勘探、航空等实时采集到的数据需要马上通过网络传输到数据处理中心进行存储并处理。

对于企业存储设备而言，根据存储实现方式可将数据存储划分为三种类型：直接附加存储(Direct Attached Storage，DAS)、网络附加存储(Network Attached Storage，NAS)、存储区域网络(Storage Area Network，SAN)。DAS是直接连接于主机服务器的一种存储方式，每一台主机服务器有独立的存储设备，每台主机服务器的存储设备无法互通，需要跨主机存取资料时，必须经过相对复杂的设定，若主机服务器分属不同的操作系统，要存取彼此的资料更是复杂，有些系统甚至不能存取。NAS是一套网络存储设备，通常直接连在网络上提供资料存取服务。一套NAS存储设备就如同一个提供数据文件服务的系统，特点是性价比高。SAN是一种用高速(光纤)网络连接专业主机服务器的一种存储方式，此系统会位于主机群的后端，它使用高速I/O联结方式，如小型计算机系统接口（Small Computer System Interface，SCSI）、企业级系统连接（Enterprise Systems Connection，ESCON）及光纤通道（Fiber-Channels）。这三种存储方式共存、互相补充，能很好地满足企业信息化应用。

企业的数据处理大致分为两类：一类是操作型处理，也称为联机事务处理，主要针对具体业务在数据库联机的日常操作，通常对少数记录进行查询、修改；另一类是分析型处理，一般针对某些主题的历史数据进行分析，支持管理决策。由此，关系型数据库也衍生出两种类型：操作型数据库和分析型数据库。操作型数据库主要用于业务支撑，一个公司往往会使用并维护若干个数据库，这些数据库保存着公司的日常操作数据。分析型数据库主要用于历史数据分析，这类数据库作为公司的单独数据存储，负责利用历史数据对公司各主题域进行统计分析。面向分析的存储系统衍化出了数据仓库的概念。

2.4.2 数据仓库

数据仓库强调利用某些特殊资料存储方式，让所包含的资料，特别有利于分析处理，以产生有价值的资讯并依此做决策。利用数据仓库方式所存放的资料，具有一旦存入，便不随时间而变动的特性，同时存入的资料必定包含时间属性。通常，一个数据仓库会含有大量的历史性资料，并利用特定分析方式，从其中挖掘出特定资讯。数据仓库并不需要存储所有的原始数据，但数据仓库需要存储细节数据，并且导入的数据必须经过整理和转换使其面向主题。

数据仓库具有以下 4 个特点。

1. 面向主题

面向主题特性是数据仓库和操作型数据库的根本区别。操作型数据库是为了支撑各种业务而建立的，而分析型数据库则是为了对从各种繁杂业务中抽象出来的分析主题（如用户、成本、商品等）进行分析而建立的。

2. 集成性

集成性是指数据仓库会将不同源数据库中的数据汇总到一起。

3. 历史性

较之操作型数据库，数据仓库的时间跨度通常比较长。前者通常能够保存几个月，后者则能保存几年甚至几十年。

4. 时变性

时变性是指数据仓库内的信息记录了从过去某一时刻到当前各个阶段的数据快照。有了这些数据快照以后，用户便可将其汇总，生成各历史阶段的数据分析报告。

2.5 数据处理与分析

2.5.1 机器学习和数据挖掘算法

机器学习和数据挖掘是计算机学科中最活跃的研究分支之一。机器学习是一门多领域交叉学科，涉及概率论、统计学、逼近论、凸分析、算法复杂度理论等多门学科，专门研究计算机怎样模拟或实现人类的学习行为，以获取新的知识或技能，重新组织已有的知识结构使之不断改善自身的性能。它是人工智能的核心，是使计算机具有智能的根本途径，其应用遍及人工智能的各个领域。

数据挖掘是指从大量的数据中通过算法搜索隐藏于数据中的信息的过程。数据挖掘可以视为机器学习与数据库的交叉，它主要利用机器学习领域提供的算法来分析海量数据，利用数据库领域提供的存储技术来管理海量数据。从知识的来源角度而言，数据挖掘领域的很多知识也间接来自统计学领域。之所以说"间接"，是因为统计学领域一般偏重于理论研究而不注重实用性。统计学领域中的很多技术需要在机器学习领域进行验证和实践并变成有效的机器学习算法以后，才可能进入数据挖掘领域，对数据挖掘产生影响。

虽然数据挖掘的很多技术都来自机器学习领域，但是，并不能因此就认为数据挖掘只是机器学习的简单应用。毕竟，机器学习通常只研究小规模的数据对象，往往无法应用到海量数据，而数据挖掘领域必须借助于海量数据管理技术对数据进行存储和处理，同时对一些传统的机器学习算法进行改进，使其能够支持海量数据的处理。

典型的机器学习和数据挖掘算法包括分类、聚类、回归分析和关联规则等。

1. 分类

分类是找出数据库中的一组数据对象的共同特点并按照分类模式将其划分为不同的类。其目的是通过分类模型，其将数据中的数据项映射到某个给定的类别中。其可以应用到应用分类、趋势预测中，如电商平台将用户在一段时间内的购买情况划分成不同的类，根据情况向用户推荐关联类的商品，从而增加平台的销售量。

2. 聚类

聚类类似于分类，但与分类的目的不同，是针对数据的相似性和差异性将一组数据分为几个类别。属于同一类别的数据间的相似性很大，但不同类别之间数据的相似性很小，跨类的数据关联性很低。

3. 回归分析

回归分析反映了数据库中数据的属性值的特性，通过函数表达数据映射的关系来发现属性值之间的依赖关系。它可以应用到对数据序列的预测及相关关系的研究中。在市场营销中，回归分析可以被应用到各个方面。如通过对本季度销售的回归分析，可以对下一季度的销售趋势做出预测以及针对性的营销改变。

4. 关联规则

关联规则是隐藏在数据项之间的关联或相互关系，即可以根据一个数据项的出现推导出其他数据项的出现。关联规则挖掘技术已经被广泛应用于金融行业中用以预测客户的需求，各银行在自己的 App 上通过捆绑客户可能感兴趣的信息供用户了解，并获取相应的信息来改善自身的营销方式。

2.5.2 大数据处理与分析技术

MapReduce 是大家熟悉的大数据处理技术。当提到大数据时人们就会很自然地想到 MapReduce，可见其影响力之广。实际上，由于企业内部存在多种不同的应用场景，因此，大数据处理的问题复杂多样，单一的技术是无法满足不同类型的计算需求的，MapReduce 其实只是大数据处理技术中的一种，它代表了针对大数据的批量处理技术，除此以外，还有批处理计算、流计算、图计算、查询分析计算等多种大数据处理分析技术，如表 2-1 所示。

表 2-1 大数据处理分析技术类型及其代表产品

大数据处理分析类型	解决问题	代表产品
批处理计算	针对大规模数据的批量处理	MapReduce、Spark
流处理	针对流数据的实时计算	Storm、S4、Flume、Streams、Puma、DStream、Super Mario
图计算	针对大规模图结构数据的处理	Pregel、GraphX、Giraph、PowerGraph、Hama、GoldenOrb
查询分析计算	大规模数据的存储管理和查询分析	Dremel、Hive、Cassandra、Impala

1. 批处理计算

批处理计算主要解决针对大规模数据的批量处理，也是日常数据分析工作中常见的一类数据处理需求。MapReduce 是最具有代表性和影响力的大数据批处理技术，可以并行执行大规模数据处理任务，用于大规模数据集(大于 1 TB)的并行运算。MapReduce 极大地方便了分布式编程工作，它将复杂的、运行于大规模集群上的并行计算过程高度地抽象到了两个函数——Map 和 Reduce。编程人员在不会分布式并行编程的情况下，也可以很容易将自己的程序运行在分布式系统上，完成海量数据集的计算。

Spark 是一个针对超大数据集合的低延迟的集群分布式计算系统，比 MapReduce 快许多。Spark 启用了内存分布数据集，除了能够提供交互式查询外，还可以优化迭代工作负载。在 MapReduce 中，数据流从一个稳定的来源进行一系列加工处理后，流出到一个稳定的文件系统(如 HDFS)。对于 Spark 而言，它使用内存替代 HDFS 或本地磁盘来存储中间结果，因此，Spark 要比 MapReduce 的速度快许多。

2. 流计算

流数据也是大数据分析中的重要数据类型。流数据(或数据流)是指在时间分布和数量上无限的一系列动态数据集合体，数据的价值随着时间的流逝而降低，因此，必须采用实时计算的方式给出秒级响应。流计算可以实时处理来自不同数据源的、连续到达的流数据，经过实时分析处理，给出有价值的分析结果。目前，业内已涌现出许多流计算框架与平台。第一类是商业级的流计算平台，包括 IBM InfoSphere Streams 和 IBM StreamBase 等；第二类是开源流计算框架，包括 Twitter Strom、Yahoo S4 (Simple Scalable Streaming System)、Spark Streaming 等；第三类是公司为支持自身业务开发的流计算框架，如 Facebook 使用 Puma 和 HBase 相结合来处理实时数据，百度开发了通用实时流数据计算系统 DStream，淘宝开发了通用流数据实时计算系统银河流数据处理平台。

3. 图计算

在大数据时代，许多大数据都是以大规模图或网络的形式呈现，如社交网络、传染病传播途径、交通事故对路网的影响等。此外，许多非图结构的大数据，也常常会被转换为图模型后再进行处理分析。MapReduce 作为单输入、两阶段、粗粒度数据并行的分布式计算框架，在表达多迭代、稀疏结构和细粒度数据时，往往显得力不从心，不适合用来解决大规模图计算问题。因此，针对大型图的计算，需要采用图计算模式。目前已经出现了不少相关图计算产品。Pregel 是一种基于整体同步并行计算(Bulk Synchronous Parallel，BSP)模型实现的并行图处理系统。为了解决大型图的分布式计算问题，Pregel 搭建了一套可扩展的、有容错机制的平台，该平台提供了一套非常灵活的 API，可以描述各种各样的图计算。Pregel 主要用于图遍历、最短路径、PageRank 计算等。其他代表性的图计算产品还包括 Pregel 的开源版本 Giraph、Spark 下的 GraphX、图数据处理系统 PowerGraph 等。

4. 查询分析计算

针对超大规模数据的存储管理和查询分析，需要提供实时或准实时的响应，才能很好地满足企业经营管理需求。Google 公司开发的 Dremel，是一种可扩展的、交互式的实时查询系统，用于只读嵌套数据的分析。通过结合多级树状执行过程和列式数据结构，它能做到几秒内完成对万亿张表的聚合查询。系统可以扩展到成千上万的中央处理器(CPU)上，满足 Google 上万用户操作拍字节(PB)级的数据，并且可以在 2~3 秒内完成拍字节级别数据的查询。此外，Cloudera 公司参考 Dremel 系统开发了实时查询引擎 Impala，它提供结构化查询语言(Structured Query Language，SQL)语义，能快速查询存储在 Hadoop 的 HDFS 和 HBase 中的拍字节级大数据。

2.6 数据可视化

2.6.1 数据可视化的概念

数据可视化是关于数据视觉表现形式的科学技术研究。这种数据被定义为一种以某种概要形式提取出来的信息,包括相应信息单位的各种属性和变量。数据可视化是指依据图形、图像、计算机视觉以及用户界面,通过对数据的表现形式进行可视化的解释。

数据可视化与信息图形、信息可视化、科学可视化以及统计图形密切相关。数据可视化技术包含以下几个基本概念。

1. 数据空间

数据空间是由 n 维属性和 m 个元素组成的数据集所构成的多维信息空间。

2. 数据开发

数据开发是指利用一定的算法和工具对数据进行定量的推演和计算。

3. 数据分析

数据分析是指对多维数据进行切片、块、旋转等动作剖析数据,从而能多角度观察数据。

2.6.2 数据可视化的重要作用

在大数据时代,数据容量和复杂性的不断增加,限制了普通用户从大数据中直接获取知识,可视化的需求越来越大。依靠可视化手段进行数据分析必将成为大数据分析流程的主要环节之一。让"茫茫数据"以可视化的方式呈现,让枯燥的数据以简单友好的图表形式展现出来,可以让数据变得更加通俗易懂,有助于用户更加方便快捷地理解数据的深层次含义,使用户有效参与复杂的数据分析过程,提升数据分析效率,改善数据分析效果。

在大数据时代,可视化技术可以支持实现多种不同的目标。

1. 观测、跟踪数据

许多实际应用中的数据量已经远远超出人类大脑可以理解及消化吸收的能力范围,对于处于不断变化中的多个参数值,如果还是以枯燥的数值形式呈现,人们必将茫然无措。利用变化的数据生成实时变化的可视化图表,可以让人们一眼看出各种参数的动态变化过程,有效地跟踪各种参数值。例如,百度地图提供实时路况服务,可以查询城市的实时交通路况信息。

2. 分析数据

利用可视化技术,实时呈现当前分析结果,引导用户参与分析过程,根据用户反馈信息执行后续分析操作，完成用户与分析算法的全程交互，实现数据分析算法与用户领域知识的完美结合。一个典型的可视化分析过程如图 2-3 所示，数据首先被转化为图像呈现给用户，用户通过视觉系统进行观察分析，同时结合自己的领域背景知识，对可视化图像进行认知，从而理解和分析数据的内涵与特征。随后，用户还可以根据分析结果，通过改变可视化程序系统的设置，来交互式地改变输出的可视化图像，从而可以根据自己的需求从不同角度对数据进行理解。

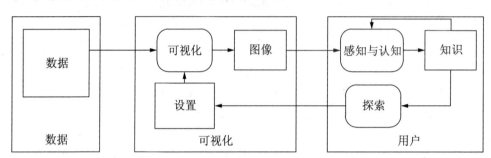

图 2-3   用户参与的可视化分析过程

3. 辅助理解数据

可视化技术可以帮助用户更快、更准确地理解数据背后的含义，如用不同的颜色区分不同对象、用动画显示变化过程、用图结构展现对象之间的复杂关系等。例如，微软亚洲研究院设计开发的人立方关系搜索，能从超过 10 亿页的中文网页中自动抽取出人名、地名、机构名以及中文短语，并通过算法自动计算出它们之间存在关系的可能性，最终以可视化的关系图形式呈现结果。

4. 增强数据吸引力

枯燥的数据被制作成具有强大视觉冲击力和说服力的图像，可以大大增强读者的阅读兴趣。可视化的图表新闻就是一个非常受欢迎的应用。在海量的新闻信息面前，读者的时间和精力都开始显得有些捉襟见肘。传统单调保守的讲述方式已经不能引起读者的兴趣。读者需要更加直观、高效的信息呈现方式。因此，现在的新闻播报越来越多地使用数据图表，动态、立体化地呈现报道内容，让读者对内容一目了然，能够在短时间内迅速消化和吸收，大大提高了知识理解的效率。

2.6.3 数据可视化案例

1. 疫情数据实时监控

2020 年新型冠状病毒在全球肆虐，为更方便、更全面地了解疫情动态，所有疫情波及国家的最新疫情数据都会在疫情地图中实时更新，并且配合地图、趋势图等形式，直观展示疫情进展。

2. 百度迁徙

2014 年 1 月 25 日晚，央视与百度合作，启用百度地图定位可视化大数据播报春节期间全国人口迁徙情况，引起广泛关注。"百度迁徙"利用百度地图基于地理位置的服务(LBS)开放平台、百度天眼，对其拥有的 LBS 大数据进行计算分析，并采用创新的可视化呈现方式，在业界首次实现了全程、动态、即时、直观地展现中国春节前后人口大迁徙的轨迹与特征。

3. 全球黑客活动

安全供应商 Norse 打造了一张能够反映全球范围内黑客攻击频率的地图，它利用 Norse 的"蜜罐"攻击陷阱显示出所有实时渗透攻击活动。地图中的每一条线代表的都是一次攻击活动，借此可以了解每一天、每一分钟甚至每一秒世界上发生了多少次恶意渗透攻击活动。

2.7 数据安全和隐私保护

人类从使用数据之初就存在数据安全和隐私保护的问题，这并非大数据时代特有的问题。因此，过去几十年发展出来的数据安全和隐私保护技术，都可以很好地用于大数据的安全保护。

2.7.1 数据安全技术

数据安全技术种类繁多，主要包括身份认证技术、防火墙技术、访问控制技术、入侵检测技术和加密技术等。

1. 身份认证技术

在对该项技术进行使用时，会通过对操作者身份信息的认证，确定操作者是否为非法入侵者，进而对网络数据进行保护。该项技术主要用于操作系统间的数据访问保护，是较为常用、高效的数据安全保护技术。

2. 防火墙技术

防火墙是一种保护计算机网络安全的技术性措施，它通过在网络边界上建立相应的网络通信监控系统来隔离内部和外部网络，以阻挡来自外部网络的入侵。

3. 访问控制技术

访问控制是指系统对用户身份及其所属的预先定义的策略组限制其使用数据资源能力的手段，通常用于系统管理员控制用户对服务器、目录、文件等网络资源的访问。访问控制是主体依据某些控制策略或权限对客体本身或其资源进行的不同授权访问，它是系统保密性、完整性、可用性和合法使用性的重要基础，是网络安全防范和资源保护的关键策略之一。

4. 入侵检测技术

入侵检测技术属于主动防御技术中的一种，能够实现对网络病毒的有效防御与拦截，能够对信息数据形成有效保护。入侵检测是集响应与检测计算机误用于一体的技术，包括攻击预测、威慑以及检测等内容。在具体进行检测时，首先会对用户与系统活动展开监测、分析，明确系统弱点与整体构造；其次会对已知攻击实施识别，并在识别后发出预警；最后会对数据文件以及系统完整性进行评估。

5. 加密技术

加密技术包括两个元素：算法和密钥。算法是将普通的文本（或者可以理解的信息）与一串数字（密钥）的结合，产生不可理解的密文的步骤；密钥是用来对数据进行编码和解码的一种算法工具。在安全保密中，可通过适当的密钥加密技术和管理机制来保证网络的信息安全。

2.7.2　隐私保护技术

在大数据时代的影响之下，隐私安全问题频发。在进行隐私保护相关工作的开展中，需要能够针对隐私暴露的现阶段发展的实际情况，有针对性地进行改善。主要可以借助数据水印的合理性应用，明确用户数据使用的实际需要，并且能够将用户的身份信息加以识别，在不影响用户正常使用数据的前提之下，对数据载体使用检测的方法实现融入。数据水印技术的合理应用能够充分保护原创。

在进行用户隐私的保护中，应当能够充分使用保护技术，顺应大数据发展的实际需要。用户隐私保护的渠道多，同时能够贯穿于数据产生的全过程，主要是针对生产、收购以及加工、存储的各项环节，同时能够在数据运输当中实现隐私安全保护体系的构建，在数据的整个生命周期当中，实现对用户信息的保护，并能够使用信息过滤技术以及位置匿名技术等，对个人信息中的敏感部分加以保护，实现用户隐私的合理保护，建立和完善数据信息保护系统。

2.8　本章小结

大数据技术是与数据的采集、存储、分析、可视化、安全等相关的一大类技术的集合。本章首先介绍了数据的多样性及处理的一般流程；其次介绍了数据采集与预处理的概念和相关技术；然后介绍了大数据时代的数据存储技术以及数据仓库的概念；接下来讨论了数据可视化的内容，阐述了可视化的概念和重要作用，并给出相关的案例；最后介绍了数据安全和隐私保护的相关技术。

⋅⋅ 思考题

(1)请阐述大数据技术有哪些层面以及每一层面的功能。

(2)请阐述数据预处理主要包括哪些内容。

(3)请阐述数据挖掘和机器学习的关系。

(4)请阐述数据可视化的重要作用。

(5)请阐述数据安全和隐私保护的相关技术。

第 3 章 大数据计算平台

随着大数据计算平台的日趋成熟，以 Hadoop 为代表的云计算技术，通过并行化和分布式的思想，实现了低成本、高效率地处理大数据的过程，赢得了市场的认可。本章将首先介绍云计算以及主流的云计算系统与平台，接着详细介绍以 MapReduce、Hadoop、Spark 为代表的三种大数据计算平台。

3.1 云计算

云计算是与信息技术、软件、互联网相关的一种服务，将计算资源共享池称作"云"。云计算把许多计算资源集合起来，通过软件实现自动化管理，只需很少的人参与，就能让资源被快速提供。也就是说，计算能力可以作为一种商品，在互联网上流通，就像水、电、煤气一样，可以方便地取用，且价格较为低廉。云计算是继互联网、计算机后信息时代的革新，已成为目前互联网行业的热点话题。国际互联网服务商、厂商都纷纷提出了自己的云计算战略。国内阿里巴巴、腾讯、华为等公司及各电信运营商也对云计算投入了极大的关注。

3.1.1 云计算的定义

云计算是分布式计算的一种，是指通过网络"云"将巨大的数据计算处理程序分解成无数个小程序，然后通过多部服务器组成的系统对这些小程序进行处理、分析，并将结果返回给用户。云计算是分布式计算、并行计算和网格计算的融合，是虚拟化、效用计算、基础设施即服务(Infrastructure as a Service，IaaS)、平台即服务(Platform as a Service，PaaS)、软件即服务(Software as a Service，SaaS)等计算机技术混合演进并跃升的结果。

云计算的核心思想是将大量计算资源用网络连接并统一调度、管理，形成一个计算资源池，面向用户按需提供服务。对使用者来说，"云"中的资源是可以无限扩展的，且可以随时获取、随时扩展、按需使用、按使用付费。狭义的云计算，是指互联网技术基础设施的交付和使用模式；而广义的云计算，是指服务的交付和使用模式。两种云计算均通过网络以按需、易扩展的方式获得所需服务。这种服务可以是互联网技术和软件、互联网相关，也可以是其他服务。

云计算概念的提出，支撑了大数据的挖掘与利用，二者是相得益彰、相辅相成的关系。大数据挖掘处理需要云计算作为平台，而大数据涵盖的价值和规律则能够使云计算更好地与行业应用结合并发挥出更大的作用。云计算将计算资源作为服务，而大数据的发展趋势对实时交互的海量数据查询和分析提供各自需要的价值信息。

3.1.2　云计算的优势与特点

云计算技术可以在很短的时间内完成对数以万计数据的处理，从而提供强大的网络服务。数据中心将计算分布到大量的分布式计算机上，而非本地计算机或远程服务器中，使其运行方式与互联网类似。这使企业能重点关注需要的应用，根据需求访问计算机和存储系统。与传统的网络应用模式相比，云计算的可贵之处在于其高灵活性、可扩展性和高性价比等，它具有如下优势与特点。

1. 虚拟化

云计算支持用户在任意位置使用各种终端获取应用服务。所请求的资源来自"云"，而非固定的、有形的实体。应用在"云"中某处运行，用户无须了解。虚拟化突破了时间、空间的界限，是云计算最显著的特点。虚拟化技术包括应用虚拟和资源虚拟两种。众所周知，物理平台与应用部署的环境在空间上是没有任何联系的，正是通过虚拟平台对相应终端操作完成数据备份、迁移和扩展等。

2. 动态可扩展

云计算具有高效的运算能力，在原有服务器基础上增加云计算功能，能够使计算速度迅速提高，最终实现动态扩展虚拟化的层次，从而达到对应用进行扩展的目的。目前主流的云计算平台均根据串行外设接口(SPI)架构，在各层构建、集成功能各异的软硬件设备和中间件软件。大量中间件软件和设备提供针对该平台的通用接口，允许用户添加本层的扩展设备。

3. 按需部署

"云"是一个巨大的资源池，可以像自来水、电、煤气那样计费，并可按需购买。云计算平台能够根据用户的需求，快速配备计算能力及资源。

4. 高可靠性

分布式数据中心将云端的用户信息备份到地理上相互隔离的数据库主机中。若服务器发生故障，将不影响计算与应用的正常运行。因为如果单点服务器出现故障，可以通过虚拟化技术将分布在不同服务器上面的应用进行恢复，或利用动态扩展功能部署新的服务器进行计算。这大大提高了系统的安全性和容灾能力。

5. 高性价比

将资源放在虚拟资源池中统一管理,这在一定程度上优化了物理资源。用户不再需要昂贵、存储空间大的主机,可以选择相对廉价的计算机组成"云",一方面减少费用,另一方面其计算性能不逊于大型主机。

6. 超大规模

"云"具有相当大的规模,Google 云计算早已拥有上百万台服务器;Amazon、IBM、Microsoft、Yahoo、阿里巴巴、百度和腾讯等公司的"云"均拥有几十万台服务器;一般企业私有云则可拥有数百上千台服务器。"云"能赋予用户前所未有的计算能力。

3.1.3 云计算的体系架构

云计算可以按需提供弹性资源,它的表现形式是一系列服务的集合。结合当前云计算的应用与研究,其体系架构可分为核心服务、服务管理、用户访问接口三层,如图 3-1 所示。核心服务层将硬件基础设施、软件运行环境、应用程序抽象成服务,这些服务具有可靠性高、可用性高、规模可伸缩等特点,满足多样化的应用需求。服务管理层为核心服务提供支持,进一步确保核心服务的可靠性、可用性与安全性。用户访问接口层则实现端到云的访问。

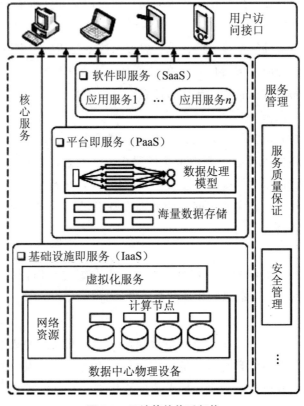

图 3-1 云计算的体系架构

1. 核心服务层

云计算核心服务通常可以分为三个子层：基础设施即服务(IaaS)层、平台即服务(PaaS)层、软件即服务(Saas)层。

基础设施即服务层提供硬件基础设施部署服务，为用户按需提供实体或虚拟的计算、存储和网络等资源。在使用基础设施即服务层服务的过程中，用户需要向基础设施即服务层提供商提供基础设施的配置信息、运行于基础设施的程序代码以及相关的用户数据。由于数据中心是基础设施即服务层的基础，因此数据中心的管理和优化问题近年来成为研究热点。另外，为了优化硬件资源的分配，基础设施即服务层引入了虚拟化技术。借助于VMware等虚拟化工具，提供可靠性高、可定制性强、规模可扩展的基础设施即服务层服务。

平台即服务层是云计算应用程序运行环境，提供应用程序部署与管理服务。通过平台即服务层的软件工具和开发语言，应用程序开发者只需上传程序代码和数据即可使用服务，而不必关注底层的网络、存储、操作系统的管理问题。由于目前互联网应用平台的数据量日趋庞大，平台即服务层考虑了对海量数据的存储与处理能力，并利用有效的资源管理与调度策略提高处理效率。

软件即服务层是基于云计算基础平台所开发的应用程序。企业可以通过租用软件即服务层服务解决企业信息化问题，如企业通过Gmail建立属于该企业的电子邮件服务。该服务托管于数据中心，企业不必考虑服务器的管理、维护问题。对于普通用户来讲，软件即服务层服务将桌面应用程序迁移到互联网，可实现应用程序的泛在访问。

用户视角下的云计算服务模型如图3-2所示。基础设施即服务层由网络和操作系统等组成，对于程序员来说这部分不需要了解太多，因为其不必去组建自己的基础设施即服务层。如果需要使用基础设施即服务层，只需设置操作系统、带宽、硬件配置，实际上就是将其中的操作外包给基础设施即服务层供应商，程序员使用供应商的服务即可。平台即服务层加入了中间件和数据库。平台即服务层公司在网上提供各种开发和分发应用的解决方案，如虚拟服务器和操作系统。这既节省了在硬件上的费用，又让分散的工作室间的合作变得容易。软件即服务层大多是通过网页浏览器来接入，任何一个远程服务器上的应用都可以通过网络来运行。以上三者只是不同的服务模式，之间没有必然的联系，都是基于互联网，按需按时付费。但在实际的商业模式中，平台即服务层的发展确实促进了软件即服务层的发展，因为提供了开发平台后，软件即服务层的开发难度降低了。从用户体验角度看，它们之间的关系是独立的，因为它们面对不同的用户。从技术角度看，它们并不是简单的继承关系，因为软件即服务层可以是基于平台即服务层或者直接部署于基础设施即服务层之上的，其次平台即服务层可以构建于基础设施即服务层之上，也可以直接构建在物理资源之上。为了便于理解，我们打个比方，如果需要修建一条马路，那么基础设施即服务层就是这条马路的基石；

平台即服务层就是这条马路的钢筋水泥,让马路更加牢固;软件即服务层则是这条马路建成后提供给别人使用的用途。

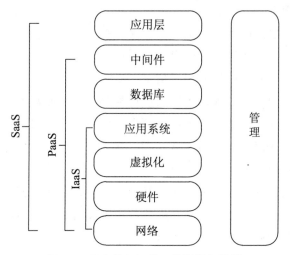

图 3-2　用户视角下的云计算服务模型

2. 服务管理层

服务管理层对核心服务层的可用性、可靠性和安全性提供保障。服务管理包括服务质量(Quality of Service,QoS)保证和安全管理等。云计算需要提供高可靠、高可用、低成本的个性化服务。然而云计算平台规模庞大且结构复杂,很难完全满足用户的服务质量需求。为此,云计算服务提供商需要和用户进行协商,并制定服务水平协议(Service Level Agreement,SLA),使得双方对服务质量的需求达成一致。当服务提供商提供的服务未能达到服务水平协议的要求时,用户将得到补偿。此外,数据的安全性一直是用户关心的问题。云计算数据中心采用的资源集中式管理方式使得云计算平台存在单点失效问题。保存在数据中心的关键数据会因为突发事件(如断电)、病毒入侵、黑客攻击而丢失或泄露。根据云计算服务特点,研究云计算环境下的安全与隐私保护技术(如数据隔离、隐私保护、访问控制等)是保证云计算得以广泛应用的关键。除了服务质量保证、安全管理外,服务管理层还包括计费管理、资源监控等管理内容,这些管理措施对云计算的稳定运行同样起到至关重要的作用。

3. 用户访问接口层

用户访问接口实现了云计算服务的泛在访问,通常包括命令行、Web 服务、Web门户等形式。命令行和 Web 服务的访问模式既可为终端设备提供应用程序开发接口,又便于多种服务的组合。Web 门户是访问接口的另一种模式。通过 Web 门户,云计算将用户的桌面应用迁移到互联网,从而使用户随时随地通过浏览器就可以访问数据和程序,提高工作效率。虽然用户通过访问接口使用便利的云计算服务,但是由于不同的云计算服务商提供的接口标准不同,导致用户数据不能在不同服务商之间迁移。为此,在 Intel、Sun 和 Cisco 等公司的倡导下,云计算互操作论坛(Cloud Computing

Interoperability Forum，CCIF)宣告成立，致力于开发统一的云计算接口(Unified Cloud Interface，UCI)，以实现"全球环境下，不同企业之间可利用云计算服务无缝协同工作"的目标。

3.1.4 云计算的关键技术

1. 虚拟化技术

云计算的虚拟化技术不同于传统的单一虚拟化。它是涵盖整个互联网架构的，包括资源、网络、应用和桌面在内的全系统虚拟化。其优势在于能够把所有硬件设备、软件应用和数据隔离开来，打破硬件配置、软件部署和数据分布的界限，实现互联网架构的动态化，实现资源集中管理，使应用能够动态地使用虚拟资源和物理资源，提高系统适应需求和环境的能力。

对于信息系统仿真，云计算虚拟化技术的应用意义并不仅仅在于提高资源利用率并降低成本，其更大的意义是提供强大的计算能力。计算能力对于系统运行效率、精度和可靠性影响很大，而虚拟化技术可以将大量分散的、没有得到充分利用的计算能力整合到高负荷的计算机或服务器上，实现全网资源统一调度使用，从而在存储、传输、运算等多个方面达到高效。

2. 分布式海量数据存储

云计算系统由大量服务器组成，同时为大量用户服务，因此云计算系统采用分布式存储的方式存储数据，用冗余存储的方式(集群计算、数据冗余和分布式存储)保证数据的可靠性。冗余通过任务分解和集群的方式，用低配机器替代超级计算机的性能来保证低成本，这种方式保证分布式数据的高可用、高可靠和经济性，即为同一份数据存储多个副本。云计算系统中广泛使用的数据存储系统是 Google 的 GFS 和 Hadoop 团队开发的 HDFS。

3. 海量数据管理技术

云计算需要对分布的、海量的数据进行处理、分析，因此，数据管理技术必须能够高效地管理大量的数据。云计算系统中的数据管理技术主要是 Google 的 BigTable 数据管理技术和 Hadoop 团队开发的开源数据管理模块 HBase。由于云数据存储管理形式不同于传统的关系数据库管理系统(RDBMS)数据管理方式，如何在规模巨大的分布式数据中找到特定的数据，是云计算数据管理技术必须解决的问题。同时，由于管理形式的不同造成传统的结构化查询语言数据库接口无法直接移植到云管理系统中来，目前一些研究在关注为云数据管理提供关系数据库管理系统和结构化查询语言的接口，如基于 Hadoop 的子项目 HBase 和 Hive 等。另外，在云数据管理方面，如何保证数据安全性和数据访问高效性也是研究关注的重点问题之一。

4. 编程方式

云计算提供了分布式的计算模式，客观上要求必须有分布式的编程模式。云计算采用了一种思想简洁的分布式并行编程模型 MapReduce。MapReduce 是一种编程模型和任务调度模型,主要用于数据集的并行运算和并行任务的调度处理。在该模式下,用户只需要自行编写 Map 函数和 Reduce 函数即可进行并行计算。其中,Map 函数定义各节点上分块数据的处理方法,Reduce 函数定义中间结果的保存方法以及最终结果的归纳方法。

5. 云计算平台管理技术

云计算资源规模庞大,服务器数量众多并分布在不同的地点,同时运行着数百种应用,如何有效地管理这些服务器,保证整个系统提供不间断的服务是巨大的挑战。云计算系统的平台管理技术能够使大量的服务器协同工作,方便进行业务部署和开通,快速发现和恢复系统故障,通过自动化、智能化的手段实现大规模系统的可靠运营。

3.1.5 云计算与其他计算形式

云计算是分布式计算、网格计算、并行计算和效用计算的最新发展,也是这些计算形式科学概念的商业实现。区分相关计算形式间的差异性,将有助于我们对云计算本质的理解和把握。

1. 云计算与分布式计算

分布式计算是指在一个松散或严格约束的条件下,使用一个硬件和软件系统处理任务,这个系统包含多个处理器单元或存储单元、多个并发的过程、多个程序。一个程序被分成多个部分,同时在通过网络连接起来的计算机上运行。分布式计算类似于并行计算,但并行计算通常用于指一个程序的多个部分同时运行于某台计算机上的多个处理器上。分布式计算通常需处理异构环境、多样化的网络连接、不可预知的网络或计算机错误。很显然,云计算属于分布式计算的范畴,是以提供对外服务为导向的分布式计算形式。云计算把应用和系统建立在大规模的廉价服务器集群之上,通过基础设施与上层应用程序的协同构建,达到最大效率地利用硬件资源的目的。云计算通过软件的方法容忍多个节点的错误,达到了分布式计算系统可扩展性和可靠性两个方面的目标。

2. 云计算与网格计算

如果单纯根据有关网格的定义,即"网格将高速互联网、高性能计算机、大型数据库、传感器、远程设备等融为一体,为用户提供更多的资源、功能和服务",云计算与网格计算之间就很难区别了。但从目前一些成熟的云计算实例看,两者又有很大的差异。网格计算强调的是一个由多机构组成的虚拟组织,多个机构的不同服务器构成一个虚拟组织,为用户提供强大的计算资源;云计算主要运用虚拟机(虚拟服务器)进行聚合,形成同质服务,更强调在某个机构内部的分布式计算资源的共享。在网格环境下,无法将庞大的计算处理程序拆分成无数个较小的子程序,并在多个机构提供的资源之间进行处理；而在云计算环境下，由于确保了用户运行环境所需的资源，将用户提交的一个处理程序分解成较小的子程序，在不同的资源上进行处理就成为可能。在商业模式、作业调度、资源分配方式、是否提供服务及其形式等方面，两者差异还是比较明显的。

3. 云计算与并行计算

简单而言，并行计算就是在并行计算机上所做的计算，它与人们常说的高性能计算、超级计算是同义词，因为任何高性能计算和超级计算总离不开并行计算。并行计算是在串行计算的基础上演变而来的，并努力仿真自然世界中一个序列中含有众多同时发生的、复杂且相关事件的事务状态。近年来，随着硬件技术和新型应用的不断发展，并行计算也有了若干新的发展，如多核体系结构、云计算、个人高性能计算机等。所以，云计算是并行计算的一种形式，也属于高性能计算、超级计算的形式之一。作为并行计算的最新发展计算模式，云计算意味着对于服务器端的并行计算要求增强，因为数以万计用户的应用都是通过互联网在云端实现的，它在带来用户工作方式和商业模式的根本性改变的同时，也对大规模并行计算的技术提出了新的要求。

4. 云计算与效用计算

效用计算是一种基于计算资源使用量付费的商业模式，用户从计算资源供应商获取和使用计算资源，按照实际使用的资源付费。在效用计算中，计算资源被看作一种计量服务，就像传统的水、电、煤气等公共资源一样。传统企业数据中心的资源利用率普遍在 20% 左右，这主要是因为超额部署，购买比平均所需资源更多的硬件以便处理峰值负载。效用计算允许用户只为他们所需要用到并且已经用到的那部分资源付费。云计算以服务的形式提供计算、存储、应用资源的思想，与效用计算非常类似。两者的区别不在于这些思想背后的目标，而在于组合到一起，以使这些思想成为现有技术。云计算是以虚拟化技术为基础的，提供最大限度的灵活性和可伸缩性服务。云计算服务提供商可以轻松地扩展虚拟环境，通过提供者的虚拟基础设施，提供更大的带宽或计算资源。效用计算通常需要类似云计算基础设施的支持，但并不是一定需要。同样，云计算可以采用效用计算，也可以不采用效用计算。

3.2 云计算平台

Google 公司是全球最大的搜索引擎服务提供商。1999 年，佩奇发表名为"The PageRank Citation Ranking：Bringing Order to the Web"的论文，成为 Google 早期搜索引擎排名的核心算法。2003—2004 年，Google 连续发表三篇技术论文介绍 Google File System(GFS)、Google MapReduce 和 BigTable 这三大法宝，提出了一套全新的计算理论。GFS 是分布式文件系统，主要解决如何以文件形式存储大规模数据的问题；

MapReduce 是分布式计算框架，解决如何利用用户搜索关键字进行快速搜索并将搜索结果返回给用户的问题；BigTable 是基于 GFS 的数据存储系统，解决如何以数据表形式存储大规模数据的问题。

3.2.1　主流分布式计算系统

Google 的分布式计算模型相比于传统的分布式计算模型有三大优势。首先，它简化了传统的分布式计算理论，降低了技术实现的难度，便于实际应用。其次，它可以应用在廉价的计算设备上，只需增加计算设备的数量就可以提升整体的计算能力，应用成本十分低廉。最后，它被 Google 应用在 Google 的计算中心，取得了很好的效果，具有实际应用的证明。后来，各家互联网公司开始利用 Google 的分布式计算模型搭建自己的分布式计算系统，Google 的这三篇论文也就成了大数据时代的技术核心。由于 Google 没有开源 Google 分布式计算模型的技术实现，所以其他互联网公司只能根据 Google 技术论文中的相关原理，搭建自己的分布式计算系统。目前，Hadoop、Spark 和 Storm 是最重要的三大分布式计算系统。

Yahoo 的工程师道格·卡廷和迈克·卡法雷拉在 2005 年合作开发了分布式计算系统 Hadoop。后来，Hadoop 被贡献给了 Apache 基金会，成为 Apache 基金会的开源项目。Hadoop 采用 MapReduce 分布式计算框架，并根据 GFS 开发了 HDFS 分布式文件系统，根据 BigTable 开发了 HBase 数据存储系统。尽管和 Google 内部使用的分布式计算系统原理相同，但是 Hadoop 在运算速度上依然达不到 Google 论文中的标准。不过，Hadoop 的开源特性使其成为分布式计算系统事实上的国际标准。Yahoo、Facebook、Amazon 以及百度、阿里巴巴等众多互联网公司都以 Hadoop 为基础搭建了自己的分布式计算系统。

Spark 是另外一种重要的分布式计算系统，也是 Apache 基金会的开源项目，由加州大学伯克利分校的实验室开发，它在 Hadoop 的基础上进行了一些架构上的改良。

Storm 是 Twitter 主推的分布式计算系统，是 Apache 基金会的孵化项目。Storm 由 BackType 团队开发，在 Hadoop 的基础上提供了实时运算的特性，可以实时地处理大数据流。

从各自系统的特点来看，Hadoop 常用于离线的、复杂的大数据处理，Spark 常用于离线的、快速的大数据处理，而 Storm 常用于在线的、实时的大数据处理。

3.2.2　主流分布式计算平台

目前，Google、Amazon、IBM、Microsoft、Sun 等公司提出的云计算基础设施或云计算平台，虽然比较商业化，但对于研究云计算却很有参考价值。当然，针对目前商业云计算解决方案存在的种种问题，学术界和开源组织也提出了许多云计算系统或平台方案。

1. Google 的云计算平台

Google 的云计算基础设施最初是在为搜索应用提供服务的基础上逐步发展起来的，主要由分布式文件系统 GFS、程序设计模式 MapReduce、大规模分布式数据库 BigTable、分布式锁机制 Chubby 等几个相互独立又紧密联系的系统组成。图 3-3 为 GFS 的体系结构。系统中每个 GFS 集群由一个主服务器和多个块服务器组成，被多个客户端访问。主服务器负责管理元数据，存储文件和块命名空间、文件到块之间的映射关系以及每一个块副本的存储位置。块服务器负责存储块数据。文件被分割成为固定尺寸(64 MB)的块，块服务器把块作为 Linux 文件保存在本地硬盘上。为了保证可靠性，每个块被默认保存三个备份。主服务器通过客户端向块服务器发送数据请求，而块服务器则将取得的数据直接返回给客户端。

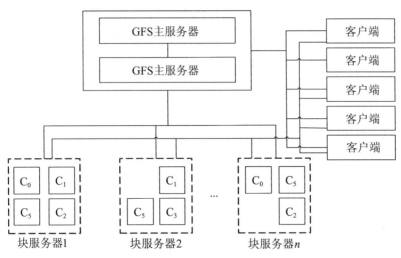

图 3-3　GFS 的体系结构

2. IBM"蓝云"计算平台

IBM 的"蓝云"(Blue Cloud)计算平台是基于 IBM Almaden 研究中心的云基础架构，包括 Xen 和 PowerVM 虚拟化、Linux 操作系统映像以及 Hadoop 文件系统，由一个数据中心、IBM Tivoli 监控软件、IBM DB2 数据库、IBM Tivoli 部署管理软件、IBM WebSphere 应用服务器以及开源虚拟化软件和一些开源信息处理软件共同组成，如图 3-4所示。"蓝云"软件平台的特点主要体现在虚拟机以及所采用的大规模数据处理软件 Hadoop。该体系结构图侧重于云计算平台的核心后端，未涉及用户界面。由于该架构是完全基于 IBM 公司的产品设计的，所以也可以理解为"蓝云"产品架构。

3. Sun 的云计算基础设施

Sun 提出的云基础设施体系结构包括服务、应用程序、中间件、操作系统、虚拟服务器、物理服务器 6 个层次，如图 3-5 所示，体现了其提出的"云计算可描述从硬件到应用程序的任何传统层级提供的服务"的观点。

Apache Hadoop
虚拟机
虚拟机
虚拟机
虚拟机
监控引擎
开源操作系统Linux和Xen
基于开源操作系统Linux和Xen的虚拟框架
数据中心
云计算
管理系统
监控
部署裸机和虚拟服务器
IBM Tivoli Monitoring v.6
DB2
Tivoli Provisioning Manager v5.1
WebSphere Application Server
基于开发标准和开源软件
包括软件、硬件和服务
支持Power和x86处理器
基于Web 2.0的资源预约系统

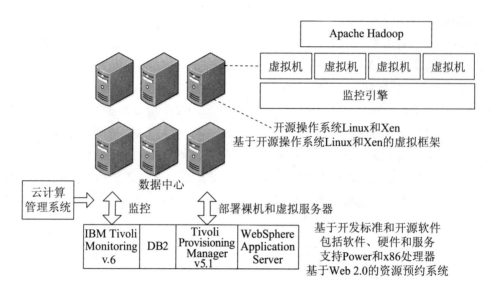

图 3-4 “蓝云”体系结构

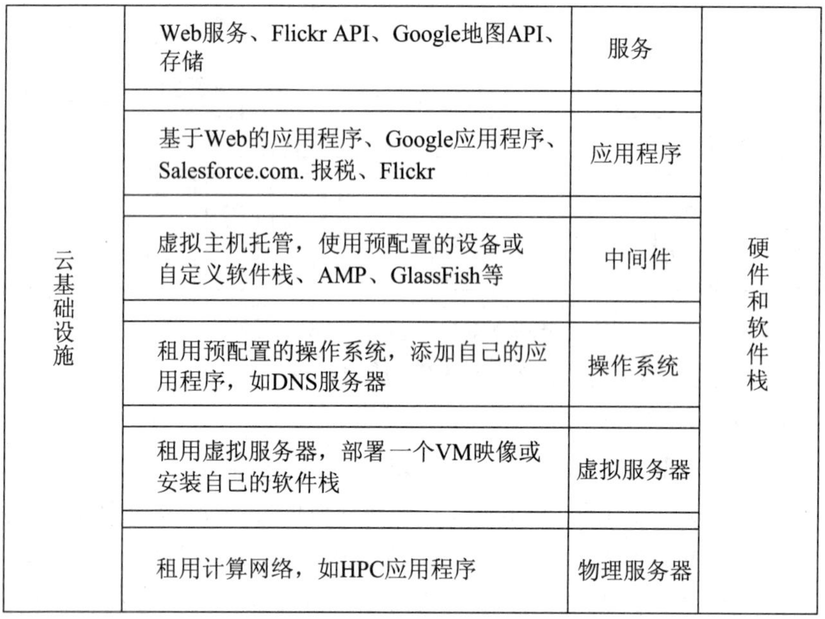

云基础设施
Web服务、Flickr API、Google地图API、存储
服务
基于Web的应用程序、Google应用程序、Salesforce.com. 报税、Flickr
应用程序
虚拟主机托管，使用预配置的设备或自定义软件栈、AMP、GlassFish等
中间件
租用预配置的操作系统，添加自己的应用程序，如DNS服务器
操作系统
租用虚拟服务器，部署一个VM映像或安装自己的软件栈
虚拟服务器
租用计算网络，如HPC应用程序
物理服务器
硬件和软件栈

图 3-5 Sun 的基础设施体系结构

4. 微软的 Azure 云平台

微软的 Azure 云平台分为 4 个层次，如图 3-6 所示。底层是微软全球基础服务系统，由遍布全球的第四代数据中心构成；云基础设施服务层（Cloud Infrastructure Service）以 Windows Azure 操作系统为核心，主要从事虚拟化计算资源管理和智能化任务分配；Windows Azure 之上是一个应用服务平台，发挥着构件（Building Block）的作用，为用户提供一系列的服务，如 Live 服务、Net 服务、SQL 服务等；最上层是

微软为客户提供的服务（Finished Service），如 Windows Live、Office Live、Exchange Online 等。

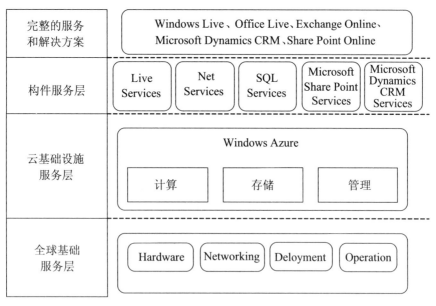

图 3-6　Azure 云平台架构

5. Amazon 的弹性计算云

Amazon 是最早提供云计算服务的公司之一，其弹性计算云平台建立在公司内部的大规模计算机、服务器集群上。平台为用户提供网络界面操作在云端运行的各个虚拟机实例。用户只需为自己所使用的计算平台实例付费，计费随运行结束而终止。

弹性计算云用户使用客户端通过 SOAP over HTTPS 协议与 Amazon 弹性计算云内部的实例进行交互，如图 3-7 所示。弹性计算云平台为用户或者开发人员提供了一个虚拟的集群环境，在用户具有充分灵活性的同时，也减轻了云计算平台拥有者（Amazon 公司）的管理负担。弹性计算云中的每一个实例代表一个运行中的虚拟机。用户对自己的虚拟机具有完整的访问权限，包括针对此虚拟机操作系统的管理员权限。虚拟机的收费也是根据虚拟机的能力进行费用计算的，实际上用户租用的是虚拟的计算能力。

6. 开源云计算平台

HDFS 采用主从构架，如图 3-8 所示。Hadoop 由于得到 Yahoo、Amazon 等公司的直接参与和支持，已成为目前应用最广、最成熟的云计算开源项目。Hadoop 本来是 Apache Lucene 的一个子项目，是从 Nutch 项目中分离出来的专门负责分布式存储以及分布式运算的项目。每个集群由一个名字节点（Name Node）、多个数据节点（Data Node）和多个客户端组成。Hadoop 还实现了 MapReduce 分布式计算模型，将应用程序的工作分解成很多小的工作小块（Small Block of Work）。

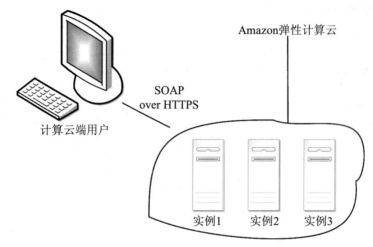

图 3-7 Amazon 的弹性计算云架构

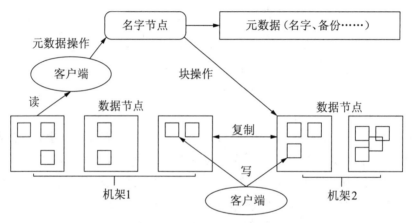

图 3-8 HDFS 的主从架构

3.3 MapReduce 平台

"云计算"的概念是 Google 公司首先提出的,其拥有一套专属的云计算平台,该平台原为网页搜索应用而设计,现在已经扩展到为其他应用提供服务。

Google 云计算平台包含了许多独特的技术,如数据中心节能技术、节点互联技术、可用性技术、容错性技术、数据存储技术、数据管理技术、数据切分技术、任务调度技术、编程模型、负载均衡技术、并行计算技术和系统监控技术等。Google 云计算平台是建立在大量的 x86 服务器集群上的,Node 是最基本的处理单元。在 Google 云计算平台的技术架构(图 3-9)中,除了少量负责特定管理功能的节点(如 GFS master、Chubby 和 Scheduler 等),所有的节点都是同构的,即同时运行 BigTable Server、GFS chunkserver 和 MapReduce Job 等核心功能模块。与之相对应的则是数据存储、数据管理和编程模型 3 项关键技术，以下将对它们进行介绍。

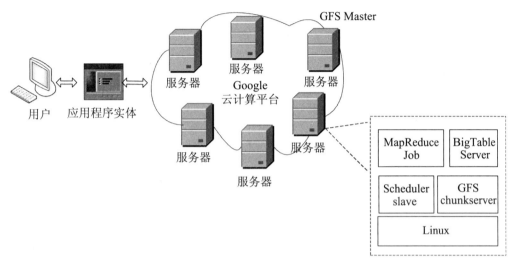

图 3-9　Google 云计算平台的技术架构

3.3.1　数据存储技术

网页搜索业务需要海量的数据存储，同时还需要满足高可用性、高可靠性和经济性等要求。为此，Google 基于以下几个假设开发了分布式文件系统 GFS。

1. 硬件故障是常态

系统平台建立在大量廉价的、消费级的互联网应用部件之上，系统必须时刻进行自我监控、节点检测和容错处理，能够从部件级的错误中快速恢复是基本的要求。

2. 支持大数据集

系统平台需要支持海量大文件的存储，可能包括几百万个 100 MB 以上的文件，甚至 GB 级别的文件也是常见的。与此同时，小文件也能够支持，但将不进行专门的优化。

3. 一次写入、多次读取的处理模式

Google 需要支持对文件进行大量的批量数据写入操作，并且是追加方式（append），即写入操作结束后，文件就几乎不会被修改了。与此同时，随机写入的方式可以支持，但将不进行专门的优化。

4. 高并发性

系统平台需要支持多个客户端同时对某一个文件的追加写入操作，这些客户端可能分布在几百个不同的节点上，同时需要以最小的开销保证写入操作的原子性。GFS 由一个集群和大量块服务器构成，如图 3-10 所示。集群存放文件系统的所有元数据，包括名字空间、存取控制、文件分块信息、文件块的位置信息等。GFS 中的文件被切分成 64 MB 的块进行存储。为了保证数据的可靠性，GFS 文件系统采用了冗余存储的方式，每份数据在系统中保存 3 个以上的备份，其中两份复制在同一机架的不同节点上，以充分利用机柜内部带宽，另外一份复制存储在不同机架的节点上。同时，为了保证数据的一致性，对于数据的所有修改需要在所有的备份上进行，并用版本号的方式来确保所有备份处于一致的状态。

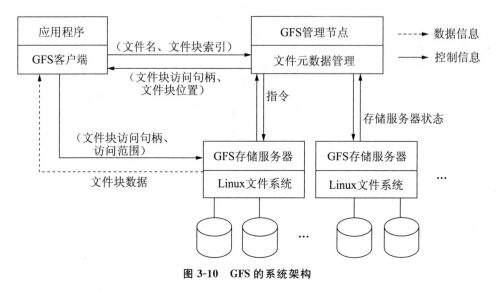

图 3-10　GFS 的系统架构

为避免大量读操作使集群成为系统瓶颈，客户端不直接通过集群读取数据，而是从集群获取目标数据块的位置信息，然后与块服务器交互进行读操作。GFS 的写操作将控制信号和数据流分开，即客户端在获取集群的写授权后，将数据传输给所有的数据副本，在所有的数据副本都收到修改的数据后，客户端才发出写请求控制信号，在所有的数据副本更新完数据后，由主副本向客户端发出写操作完成控制信号。通过服务器端和客户端的联合设计，GFS 对应用支持达到了性能与可用性的最优化。Google 云计算平台中部署了多个 GFS 集群，有的集群拥有超过 1000 个存储节点和超过 300 TB 的硬盘空间，被不同机器上的数百个客户端连续不断地频繁访问着。

3.3.2　数据管理技术

由于 Google 的许多应用(包括 Search History、Maps、Orkut 和 RSS 阅读器等)需要管理大量的格式化以及半格式化数据，上述应用的共同特点是需要支持海量的数据存储，读取后进行大量的分析，数据的读操作频率远大于数据的更新频率等。为此 Google 开发了具有一致性要求的大规模数据库系统 BigTable。BigTable 针对数据读操作进行了优化，采用基于列存储的分布式数据管理模式以提高数据读取效率。BigTable 的基本元素是行、列、记录板和时间戳(图 3-11)。其中，记录板就是一段行的集合体。

BigTable 中的数据项按照行关键字的字典序排列，每行动态地划分到记录板中，每个服务器节点 Tablet Server 负责管理大约 100 个记录板。时间戳是一个 64 位的整数，表示数据的不同版本。列簇是若干列的集合。BigTable 的存储服务体系依赖于集群系统的底

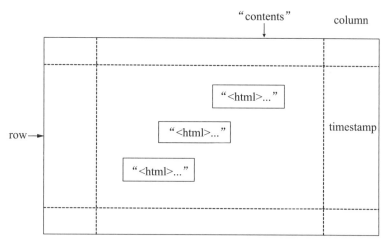

图 3-11　BigTable 的逻辑架构

层结构，包含分布式的集群任务调度器、前述的 GFS 文件系统分布式的锁服务 Chubby，如图 3-12 所示。Chubby 是一个非常健壮的粗粒度锁，BigTable 使用 Chubby 来保存 Root Tablet 的指针，并使用一台服务器作为主服务器，用来保存和操作元数据。当客户端读取数据时，用户首先从 Chubby Server 中获得 Root Tablet 的位置信息，并从中读取相应的元数据表 Metadata Table 的位置信息，接着从 Metadata Tablet 中读取包含目标数据位置信息的 User Table 的位置信息，然后从该 User Table 中读取目标数据的位置信息项。

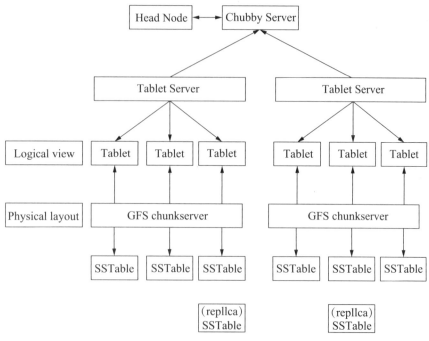

图 3-12　BigTable 的存储服务体系结构

BigTable 的主服务器除了管理元数据，还负责对 Tablet Server 进行远程管理与负载调配。客户端通过编程接口与主服务器进行控制通信以获得元数据，与 Tablet Server 进行数据通信，而具体的读写请求则由 Tablet Server 负责处理。BigTable 也是客户端和服务器端的联合设计，使得性能能够最大限度地符合应用的需求。

3.3.3 MapReduce 编程模型原理

Google 构造了 MapReduce 编程框架用以支持并行计算。应用程序编写人员只需将精力放在应用程序本身。关于如何通过分布式的集群来支持并行计算、可靠性和可扩展性等，则交由平台来处理，从而保证了后台复杂的并行执行和任务调度向用户和编程人员透明。

MapReduce 编程模型结合用户实现的 Map 和 Reduce 函数，可完成大规模的并行计算。MapReduce 编程模型的原理是：用户自定义的 Map 函数处理一个输入的基于 key-value pair 的集合，输出中间基于 key-value pair 的集合，MapReduce 库把中间所有具有相同 key 值的 value 值集合在一起后传递给 Reduce 函数，用户自定义的 Reduce 函数合并所有具有相同 key 值的 value 值，形成一个较小 value 值的集合。典型 MapReduce程序的执行流程如图 3-13 所示。

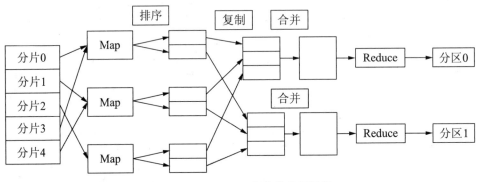

图 3-13　MapReduce 程序的执行流程

MapReduce 执行过程主要包括以下几个方面。

①将输入的海量数据切片分给不同的机器处理。

②执行 Map 任务的程序将输入数据解析成 key-value pair，用户定义的 Map 函数把输入的 key-value pair 转成中间形式的 key-value pair。

③按照 key 值对中间形式的 value 值进行排序、聚合。

④把不同的 key 值和相应的 value 集分配给不同的机器，完成 Reduce 运算。

⑤输出 Reduce 结果。

任务成功完成后，MapReduce 的输出存放在 R 个输出文件中，一般情况下，这 R 个输出文件不需要合并成一个文件，而是作为另外一个 MapReduce 的输入，或者在另一个可处理多个分割文件的分布式应用中使用。

3.4　Hadoop 平台

3.4.1　Hadoop 概述

Hadoop 是开源项目 Nutch 搜索引擎开发者道格·卡廷在受到 Google MapReduce 和 GFS 的启发后提出的，被正式引入 Nutch 项目中，用来处理海量存储和数据计算的框架，其核心组件包括 Hadoop MapReduce、HDFS 和 HBase，分别对应 Google MapReduce、GFS 和 BigTable。这些技术使 Hadoop 同样拥有并行处理数据的机制和分布式存储结构。并且由于 Hadoop 的开源，从事数据行业的开发人员体会到了分布式和并行化计算的优越性，同时这些开发人员也对 Hadoop 源码进行不断补充和完善，从而形成了一个强大的 Hadoop 生态系统。图 3-14 记录了 Hadoop 发展过程中具有标志性意义的大事件。

图 3-14　Hadoop 发展大事记

3.4.2　MapReduce 和 HDFS

以下我们介绍 MapReduce 和 HDFS 在实际生产过程中的意义。

有了批量的数据，就需要关注如何存储和分析这些数据。面临的问题很简单：多年来磁盘存储容量快速增加的同时，其访问速度和磁盘数据读取速度却未能与时俱进。1990 年，一个普通磁盘可存储 1370 MB 的数据并拥有 4.4 MB/s 的传输速度，因此，读取整个磁盘中的数据只需要 5 min 左右。20 年后，1 TB 的磁盘逐渐普及，其数据传输速度约为 100 MB/s，因此读取整个磁盘中的数据需要约 2.5 h。

读取一个磁盘中所有的数据需要很长的时间，写入数据甚至更慢。一个很简单的减少读取时间的办法是同时从多个磁盘上读取数据。试想，如果拥有 100 个磁盘，每个磁盘存储 1% 的数据，并行读取，那么不到 2 min 就可以读取所有数据。

仅使用磁盘容量的 1% 似乎很浪费，但是可以将多个数据集都分布式存储，逐步将磁盘容量填满，并实现共享磁盘的访问。可以想象，这种分布式框架的用户会很乐意使用磁盘共享访问以便缩短数据分析时间。并且从统计角度来看，用户对不同数据集的分析工作会在不同的时间点进行，所以对一个数据集的分析基本不会受到其他数据集的干扰。

上述方法可以减小数据读取时间，看起来是一个很完美的思路。但要完整地实现对多个磁盘数据的并行读写，还有很多的问题需要解决。

第一个需要解决的问题是硬件故障。一旦使用多个硬件，其中某个硬件发生故障的概率将非常高。避免数据丢失的常见做法是使用备份：系统保存数据的冗余复本，在发生故障后，可以使用数据的其他可用复本。Hadoop 的文件系统将这一思想引入 Hadoop 设计中，防止 Hadoop 文件系统因为某一硬件故障而导致数据丢失的问题出现。

第二个问题是结合分布式数据实现分析功能。大多数分析任务需要以某种方式结合大部分数据共同完成分析任务，即从一个磁盘读取的数据可能需要和从另外 99 个磁盘中读取的数据结合使用。各种分布式系统都允许结合多个来源的数据并实现分析，但保证其正确性是一个非常大的挑战。MapReduce 准确来说是一个编程模型，该模型将上述磁盘读写的问题进行抽象，并转换为对一个数据集的计算。通过上一节的介绍可知，该计算由 Map 和 Reduce 两部分组成，只有这两部分提供对外接口。与 HDFS 类似，MapReduce 自身也具有较高的可靠性。

简言之，Hadoop 提供了一个可靠的共享存储和分析系统。HDFS 实现存储，MapReduce 实现分析处理。虽然 Hadoop 还有其他功能，但这两部分是它的核心。目前，Hadoop 已经成为主流的大数据分布式并行化处理的框架。它的主要优势有以下几个方面。

1. 可扩展

不论是存储的可扩展还是计算的可扩展都是 Hadoop 的设计根本。Hadoop 的扩展非常简单，不需要修改任何已有的结构。

2. 经济

框架可以运行在任何普通的计算机上，对硬件没有特殊的要求。

3. 可靠

分布式文件系统的备份恢复机制以及 MapReduce 的任务监控保证了分布式处理的可靠性。Hadoop 默认一个以上的备份。

4. 高效

分布式文件系统的高效数据交互实现以及 MapReduce 结合 Local Data 处理的模式，为高效处理海量的信息做了基础准备。

3.4.3 HDFS 组件与运行机制

HDFS 主要由 3 个组件构成，分别是名字节点、第二名字节点(Se condary Name Node)和数据节点。HDFS 是以主从(Master/Slave)模式运行的，即名字节点、第二名字节点运行在 Master 节点上，数据节点运行在 Slave 节点上。

1. 名字节点

当一个客户端请求一个文件或者存储一个文件时，它需要首先知道具体到哪个数据节点上存取，获得数据节点的信息后，客户端直接和这个数据节点进行交互，这些信息的维护者就是名字节点。名字节点管理着文件系统命名空间，它维护着文件系统树及树中的所有文件和目录。名字节点也负责维护所有这些文件或目录的打开、关闭、移动、重命名等操作。对于实际文件数据的保存与操作，都是由数据节点负责。当一个客户端请求数据时，它仅从名字节点中获取文件的元信息，而具体的数据传输不需要经过名字节点，由客户端直接与相应的数据节点进行交互。

名字节点保存元信息的种类有：

①文件名、目录名及它们之间的层级关系。

②文件目录的所有者及其权限。

③每个文件块的名称及文件由哪些块组成。

需要注意的是，名字节点元信息并不包含每个块的位置信息，位置信息会在名字节点启动时从各个数据节点获取并保存在内存中。把块位置信息放在内存中，在读取数据时会减少查询时间，增加读取效率。名字节点也会实时通过心跳机制和数据节点进行交互，实时检查文件系统是否运行正常。不过名字节点元信息会保存各个块的名称及文件由哪些块组成。

一般来说，一条元信息记录会占用 200 Byte 的内存空间。假设块大小为 64 MB，备份数量是 3，那么一个 1 GB 大小的文件将占用 $(2^{10}/2^6) \times 3 = 16 \times 3 = 48$ 个文件块。而如果现在有 1000 个 1 MB 大小的文件，因为多个文件不能放到一个块中，则这些文件会占用 $1000 \times 3 = 3000$ 个文件块。可以发现，如果文件越小，存储同等大小文件所需要的元信息就越多，所以 Hadoop 更喜欢大文件。

2. 数据节点

数据节点是 HDFS 中的 Worker 节点，它负责存储数据块，也负责为系统客户端提供数据块的读写服务，同时还会根据名字节点的指示来进行创建、删除和复制等操作。此外，它还会通过心跳定期向名字节点发送所存储文件的块列表信息。当对 HDFS 文件系统进行读写时，名字节点告知客户端每个数据驻留在哪个名字节点，客户端直接与名字节点进行通信，名字节点还会与其他名字节点通信，复制这些块以实现冗余。

3. 第二名字节点

在早期的 Hadoop 版本(0.21.0 版本之前)中，存在一个辅助名字节点，称为第二名字节点。在 Hadoop 集群中只有一个名字节点，如果名字节点发生故障，整个 Hadoop 集群就会崩溃。在名字节点中存放元信息的文件是保护元数据信息文件。在系统运行期间所有对元信息的操作都保存在内存中并被持久化到元数据操作日志(Edits)中。元数据操作日志文件存在的目的是提高系统的操作效率，名字节点在更新内存中的元信息之前都会先将操作写入元数据操作日志文件中。在名字节点重启的过程中，元数据操作日志会和元数据信息文件合并到一起，但是合并的过程会影响到 Hadoop 重启的速度，第二名字节点就是为了解决这个问题而诞生的。第二名字节点的角色就是定期地合并元数据操作日志和元数据信息文件，合并的步骤如下。

①合并之前告知名字节点把所有的操作写到新的元数据操作日志中并将其命名为 edits. new。

②第二名字节点使用 HTTP GET 接口从名字节点请求元数据信息文件和元数据操作日志文件。

③第二名字节点把元数据信息文件和元数据操作日志文件合并成新的元数据信息文件。

④名字节点从第二名字节点获取合并好的新的元数据信息文件且将旧的替换掉，并把元数据操作日志第一步创建的 edits. new 文件替换掉。

⑤更新元数据信息文件中的检查点。

经过上面的过程，一方面主名字节点中保存了最新的元数据信息文件，并且避免了元数据操作日志文件无限增长所带来的性能下降。同时又在第二名字节点中也保留了一份元数据信息文件的备份，这样的操作默认每小时执行一次，或者当元数据操作日志文件达到 64 MB 时触发。

在 Hadoop 0.21.0 版本之后，第二名字节点的概念被检查点节点（Checkpoint Node）所取代，其工作原理完全一致，发生这样的改变是因为 Hadoop 要引入除执行检查点功能之外的新节点 Backup Node。

以图 3-15 为例，展示 Hadoop 基本运行环境中的 HDFS 组件读取数据的过程。

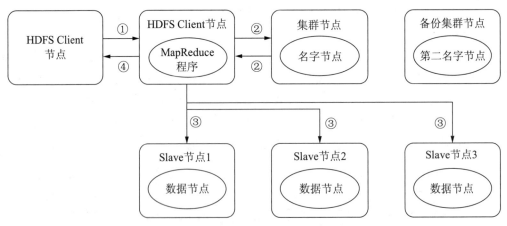

图 3-15　HDFS 读取数据的过程

HDFS 有一个 FileSystem 实例，客户端通过调用这个实例的 open()方法就可以打开系统中希望读取的文件。HDFS 通过远程调用名字节点获取文件块的位置信息。对于文件的每一个块，名字节点会返回含有该块副本的数据节点的节点地址。另外，客户端还会根据网络拓扑来确定它与每一个数据节点的位置信息，从离它最近的那个数据节点获取数据块的副本，最理想的情况是数据块就存储在客户端所在的节点上。

HDFS 会返回一个 FSDataInputStream（数据输出流）对象，FSDataInputStream 类转而封装成 DFSDataInputStream 对象，这个对象管理着数据节点和名字节点的 I/O，具体过程如下。

①客户端发起读请求。

②客户端与名字节点交互得到文件的块及位置信息列表。

③客户端直接和数据节点交互读取数据。

④读取完成关闭连接。

以图 3-16 为例展示 Hadoop 基本运行环境中的 HDFS 组件写入数据的过程。

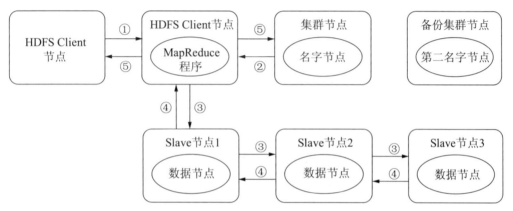

图 3-16　HDFS 写入数据的过程

HDFS 有一个 DistributedFileSystem 实例，客户端通过调用这个实例的 create()方法就可以创建文件。DistributedFileSystem 会发送给名字节点一个远程调用，在文件系统的命名空间创建一个新文件，在创建文件前名字节点会做一些检查，如文件是否存在，客户端是否有创建权限等。如果检查通过，名字节点会为创建文件写一条记录到本地磁盘的 EditLog；若不通过，名字节点会向客户端抛出 IOException。创建成功之后 DistributedFileSystem 会返回一个 FSDataOutputStream 对象，客户端由此开始写入数据。

同读文件过程一样，FSDataOutputStream 类转而封装成 DFSDataOutputStream 对象，这个对象管理着数据节点和名字节点的 I/O，具体过程如下。

①客户端在向名字节点请求之前先将文件数据写入本地文件系统的一个临时文件。

②待临时文件达到块大小时开始向名字节点请求数据节点信息。名字节点在文件系统中创建文件并返回给客户端一个数据块和其对应数据节点的地址列表，列表中也包含副本存放的地址。

③首先，第一个数据节点是以数据分组的形式从客户端接收数据的，数据节点在把数据分组写入本地磁盘的同时会向第二个数据节点（副本节点）传送数据，在第二个数据节点把接收到的数据分组写入本地磁盘时会向第三个数据节点发送数据分组，第

三个数据节点开始向本地磁盘写入数据分组。如果管道中的任何一个数据节点出现问题，管道会被关闭。数据将会继续写到剩余的数据节点中。同时名字节点会被告知待备份状态，名字节点会继续备份数据到新的可用节点。

④此时，数据分组以流水线的形式被写入和备份到所有数据节点。传送管道中的每个数据节点在收到数据后都会向前面那个数据节点发送一个确认字符（Acknowledge Character，ACK），最终第一个数据节点会向客户端发回一个 ACK。当客户端收到数据块的确认之后，数据块被认为已经持久化到所有节点。

⑤然后，客户端会向名字节点发送一个确认信息。文件关闭，名字节点会提交这次文件创建任务，此时文件在 HDFS 中已经可见。

3.4.4　MapReduce 组件与运行机制

MapReduce 运行框架中主要包含 JobClient、JobTracker 和 TaskTracker。JobClient 主要负责提交 MapReduce 作业和为用户显示处理的结果。JobTracker 负责协调 MapReduce 作业的执行，是 MapReduce 运行的主控节点。JobTracker 的功能主要包括制订 MapReduce 作业的执行计划、分配任务的 Map 和 Reduce 执行节点、监控任务的执行、重新分配失败的任务等。TaskTracker 包括 Map TaskTracker 和 Reduce TaskTracker，负责执行 JobTracker 分配的任务。图 3-17 展示了 MapReduce 作业的运行流程。

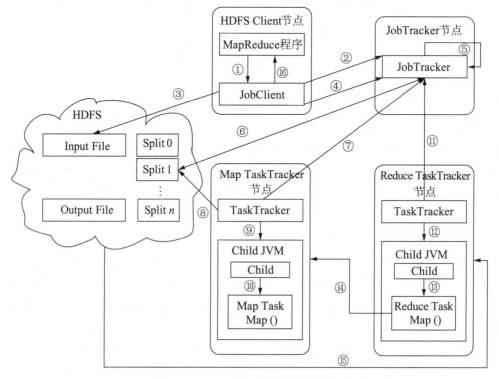

图 3-17　MapReduce 作业的运行流程

以上 16 个过程主要分为 5 个阶段。第一个阶段为作业提交阶段，包含过程①到过程④。第二个阶段是作业初始化阶段，包含过程⑤和过程⑥。第三个阶段为任务分配阶段，包含过程⑦。第四个阶段为任务执行阶段，包含过程⑧到过程⑮。第五个阶段为任务完成阶段，包含过程⑯。

下面逐步讲解 MapReduce 作业的运行流程。

1. 第一个阶段——作业提交

过程①首先为用户编写程序创建新的 JobClient 实例。然后过程②向 JobTracker 请求一个新的 JobId。JobTracker 检查作业的输出路径，如已存在则将错误抛给客户端。过程③将运行作业所需要的资源(包括作业 Jar 文件、配置文件和计算所得的输入分片)复制到 HDFS 中，其中 Jar 文件将以多个备份的形式存放。过程④由 JobClient 告知 JobTracker 作业准备执行。

2. 第二个阶段——作业初始化

在过程⑤中，JobTracker 接收到多个 JobClient 的 submitJob()方法的调用后，将其放入内部队列，交由 JobScheduler 进行调度，并对其进行初始化，包括创建一个正在运行作业的对象 JobInProgress，用于封装任务和记录任务信息。过程⑥从 HDFS 读取 JobClient 存放的输入数据分片信息，以决定需要创建的 Map 任务数量。

3. 第三个阶段——任务分配

JobTracker 应该先选择哪个 Job 来运行，这个由 JobScheduler 来决定。在过程⑦中，每个 TaskTracker 定期发送心跳给 JobTracker，告知自己还活着，是否可以接受新的任务。JobScheduler 以此来决定将任务分配给谁(仍然使用心跳的返回值与 Task-Tracker 通信)。每个 TaskTracker 会有固定数量的任务槽来处理 Map 和 Reduce(例如，2 表示 TaskTracker 可以同时运行两个 Map 和 Reduce)。JobTracker 会先将 Task-Tracker 的 Map 槽填满，然后分配 Reduce 任务到 TaskTracker。

4. 第四个阶段——任务执行

TaskTracker 分配到一个任务后，首先通过过程⑧从 HDFS 中把作业的 Jar 文件复制到 TaskTracker 所在的本地文件系统(Jar 本地化用来启动 JVM)。同时将应用程序所需要的全部文件从分布式缓存复制到本地磁盘。接下来 TaskTracker 为任务新建一个本地工作目录，并把 Jar 文件的内容解压到这个文件夹下。在过程⑨和过程⑩中，TaskTracker 新建一个 TaskRunner 实例来运行该任务。TaskRunner 启动一个新的 JVM 来运行每个任务，以便客户的 MapReduce 不会影响 TaskTracker 守护进程。但在不同任务之间，重用 JVM 还是可能的。在过程⑩中，MapTask 计算获得的数据，定期存入缓存中，并在缓存满的情况下存入磁盘，MapTask 定时与 TaskTracker 通信报告任务进度，直到全部完成，此时所有结果都会存入本地磁盘中。

部分 Map 任务执行完之后，JobTracker 按照上面的机制开始分配 Reduce 任务到 Reduce TaskTracker 节点中。过程⑪到过程⑬与过程⑦到过程⑩类似，当 ReduceTask

开始时，过程⑭会从对应的 Map TaskTracker 节点中下载中间结果和数据文件。当所有 Map 任务执行完以后，JobTracker 通知所有的 Reduce TaskTracker 开始 Reduce 任务的执行。

5. 第五个阶段——任务完成

每个作业和每个任务都有一个状态信息，包括作业或任务的运行状态（如 running、successful、failed），Map 和 Reduce 的进度，计数器值，状态消息或描述。这些信息通过一定的时间间隔由 Child JVM→TaskTracker→JobTracker 汇聚。JobTracker 将产生一个表明所有运行作业及其任务状态的全局视图，大家可以通过 Web UI 查看，同时 JobClient 通过每秒查询 JobTracker 来获得最新状态。过程⑮为 Reduce 任务完成计算，将最终的结果写入 HDFS 中，然后 JobClient 会通过过程⑯通知用户程序整个作业完成并显示输出结果。

3.4.5 YARN 框架和运行机制

从以上介绍的 MapReduce 设计原理可以看出，JobTracker 承载了作业和任务调度的工作，当计算任务增多时，该节点的资源就会占用很大内存，一旦 JobTracker 崩溃，整个系统就无法运行。因此，JobTracker 很容易成为系统的单点故障节点。而在 Task-Tracker 节点，以 Map 和 Reduce 任务数量来决定如何进行任务调度，并没有考虑消耗的 CPU 和内存资源，因此 TaskTracker 也很容易出现资源不足的情况。上述两点也决定了为什么原有的 Hadoop 集群最多只能在几千节点的规模而无法进一步提升的原因。

Hadoop 2.0 版本以后引入了另一种资源协调者（Yet Another Resource Negotiator，YARN）计算框架，核心目标是将 JobTracker 的资源管理和作业调度两个最主要的功能进行拆分，独立到两个进程中。负责资源管理的进程组件是资源管理器，负责作业调度的组件是应用控制点。在每个计算节点上还有节点管理器，资源管理器和节点管理器构成了 YARN 计算框架的基础部分，如图 3-18 所示。

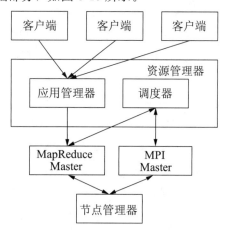

图 3-18 YARN 计算框架

资源管理器由应用管理器和调度器两部分构成。应用管理器负责客户端对作业的提交。调度器根据 CPU 和内存等资源进行更为优化的资源调度。节点管理器运行在每个计算节点上，监控资源的使用情况并且对调度器进行报告。YARN 相对于原来的 MapReduce 框架很好地实现了其核心目标，降低了主节点的资源消耗，更好地进行了资源的调度，提高了资源的利用率。

3.4.6 Hadoop 相关技术

在 Hadoop 项目中，MapReduce 和 HDFS 是两个核心组件，除此之外还需要有其他技术组件，才能构成一个完整的大规模分布式计算系统。目前由 Apache 支持的 Hadoop 相关组件包括以下内容。

①Ambari 安装管理监控 Hadoop 集群的 Web 管理工具。

②ZooKeeper 分布式应用程序协调服务器。

③Hive 基于 Hadoop 的数据仓库管理工具。

④Pig 用于大数据分析的工具。

⑤MapReduce 在集群上编写对分布式数据进行并行化程序。

⑥HDFS 分布式文件系统。

⑦YARN 是 Hadoop 集群的资源管理系统。

⑧HBase 分布式开源数据库。

⑨Hcatalog 管理 Hadoop 产生的数据表和存储系统。

⑩Sqoop 是用于在 Hadoop 系统与传统数据库间进行数据交互的工具。

⑪Chukwa 分布式数据收集和分析系统。

Hadoop 这些组件共同构成了 Hadoop 的大数据处理框架，分别提供了上层应用、数据分析、编程模型、集群资源管理、文件数据存储和数据集成的功能。Hadoop 大数据处理框架如图 3-19 所示。有兴趣的同学可以参考更多资料对 Hadoop 做进一步的了解。

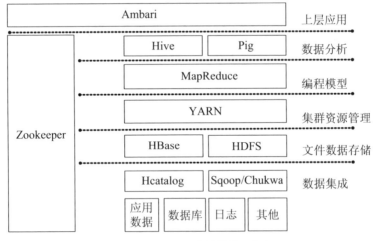

图 3-19 Hadoop 大数据处理框架

3.5 Spark 平台

3.5.1 Spark 概述

通过以上对 Hadoop 的介绍可以看出，Hadoop 对于海量数据的处理相对于以往的计算模式有明显的优势。但对于需要多次迭代的算法来说，每迭代一次都需要启动一次完整的 MapReduce 作业，启动的过程就需要消耗计算机的内存资源。并且每次涉及迭代过程文件的读取，设备的读取和写入速度就成了 Hadoop 的瓶颈。这是由 Hadoop 的设计原理所决定的，不能够通过改变设备或者算法的优化得到根本性的解决。

2009 年，加州伯克利大学研究生莱斯特·麦基和马太·扎哈里亚共同提出了 Spark 项目。Spark 项目的核心就是解决 Hadoop 在多次迭代算法中出现的启动消耗资源和 IO 开销的问题。Spark 采用将部分数据集缓存在内存中以减小 IO 频繁操作的影响，同时采用有向无环图（Directed Acyclic Graph，DAG）来进行任务调度，以减少每次迭代过程中启动 MapReduce 作业资源消耗过大的问题。

Hadoop 的 MapReduce 计算模型会被新一代的大数据处理平台替代是技术发展的趋势，而在新一代的大数据处理平台中，Spark 目前得到了广泛的认可和支持。

3.5.2 Spark 基本概念

以下对 Spark 的生态环境与运行机制进行更深层次的解析，在此之前先介绍弹性分布式数据集（Resilient Distributed Datasets，RDD）和算子（Operation）两个基本概念。

1. RDD

RDD 是一个容错、并行的数据结构，可以理解为让用户显式地将大的数据分布式存储到集群服务器的内存或硬盘中。RDD 是 Spark 最核心的东西，它表示已被分区、不可变的并能够被并行操作的数据集合，不同的数据集格式对应不同的 RDD 实现。RDD 必须是可序列化的，大的数据集合被分成具有标识索引的数组，可以通过记录分块信息的元数据对数据块进行管理。RDD 可以缓存到内存中，每次对 RDD 数据集的操作之后的结果，都可以存放到内存中，下一个操作可以直接从内存中输入，省去了 MapReduce 大量的磁盘 IO 操作。同时，RDD 还提供了一组丰富的变换算子来操作这些数据。Spark 根据相应的代码对输入 RDD 的分区数据计算得到新的 RDD，这样用户就能通过算子触发实际的操作，编写预期的代码了。

2. 算子

算子就是对数据进行操作的函数。Spark 算子大致可以分为以下四类。第一类是创建算子，用于将内存中的集合或外部文件创建为 RDD 对象，便于后续操作的处理。第二类是变换/转换算子(Transformation)，这种变换并不触发提交作业，而是完成作业中间过程处理，用于将一个 RDD 转换为一个新的 RDD。第三类是缓存算子(Cache)，用于将 RDD 缓存在磁盘或者内存中，方便后续计算的重复使用。第四类是行动算子(Action)，这类算子会提交作业，触发作业的执行，然后将 RDD 保存为 Scala 变量，保存到外部文件或数据库中。

Hadoop 的抽象层次低，需要手工编写代码来完成，使用上难以上手。而 Spark 基于 RDD 的抽象，使数据处理逻辑的代码非常简短。Hadoop 只提供两个操作，Map 和 Reduce，表达力欠缺。而 Spark 提供很多转换和动作，很多基本操作如 Join、GroupBy 已经在 RDD 转换和动作中实现。Hadoop 中一个 Job 只有 Map 和 Reduce 两个阶段，复杂的计算需要大量的 Job 完成，Job 之间的依赖关系是由开发者自己管理的。而 Spark 中一个 Job 可以包含 RDD 的多个转换操作，在调度时可以生成多个阶段，而且如果多个 Map 操作的 RDD 的分区不变，可以放在同一个 Task 中进行。

3.5.3　Spark 生态系统

Spark 的整个生态系统称为数据分析栈，也就是说 Spark 项目的目标就是将批处理、交互式处理、流式处理、各种机器学习算法和分析工具都融合在一个框架之中。图 3-20 代表 Spark 设计架构。Spark 设计架构分为分析工具、编程模型、文件存储和资源调度 4 层。框架核心是 Spark，分析工具除了支持 Hive 之外，还支持结构化数据 SQL 查询与分析的查询引擎 Spark SQL，提供机器学习功能的系统 MLbase 及底层的分布式机器学习库 MLlib 和并行图计算框架 GraphX。编程模型层可以采用 MapReduce，也可以采用流计算框架 Spark Streaming。文件存储层可以使用 HDFS，同时也可以采用 Spark 专门设计的分布式内存文件系统 Tachyon。资源调度层的 Mesos 支持多种计算框架，包括 Spark、Hadoop 和 Storm。这些子项目在 Spark 上层提供了更高层、更丰富的计算范式。

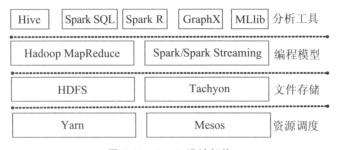

图 3-20　Spark 设计架构

1. Spark

Spark 是整个系统架构的核心组件，是一个大数据分布式编程框架，不仅实现了 MapReduce 的算子 Map 函数和 Reduce 函数及计算模型，还提供更为丰富的算子。Spark 将分布式数据抽象为弹性分布式数据集，实现了应用任务调度、远程过程调用

(Romote Procedure Call，RPC)、序列化和压缩，并为运行在其上的上层组件提供 API。Spark 底层采用 Scala 这种函数式语言书写而成，并且所提供的 API 深度借鉴 Scala 函数式的编程思想，提供与 Scala 类似的编程接口。图 3-21 为 Spark 的集群部署，将数据在分布式环境下分区，然后将作业转化为 DAG，并分阶段进行 DAG 的调度和任务的分布式并行处理。

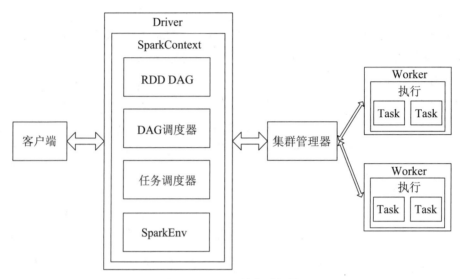

图 3-21　Spark 的集群部署

2. Spark SQL

Spark SQL 提供在大数据上的 SQL 查询功能，在整个生态系统的角色定位为分析工具。Hadoop 的查询编译和优化器依赖于 Hive，而 Spark SQL 可以使用 SQL、HQL (Hive Query Language)中的关系型查询表达式对数据进行处理。Spark SQL 支持多种类型的数据格式，包括 Hive 表、JSON、Parquet 格式文件等。用户可以在 Spark 上直接书写 SQL，相当于为 Spark 扩充了一套 SQL 算子，这无疑更加丰富了 Spark 的算子和功能，同时 Spark SQL 不断兼容不同的持久化存储(如 HDFS、Hive 等)，为其发展奠定广阔的空间。

3. Spark Streaming

Spark Streaming 通过将流数据按指定时间片累积为 RDD，然后将每个 RDD 进行批处理，进而实现大规模的流数据处理。其吞吐量能够超越现有主流流处理框架 Storm，并提供丰富的 API 用于流数据计算。

3.5.4　Spark 组件与运行机制

Spark 架构采用了分布式计算中的主从(Master/Slave)模型。Master 是对应集群中的含有 Master 进程的节点，Slave 是集群中含有 Worker 进程的节点。Master 作为整个集群的控制器，负责整个集群的正常运行；Worker 相当于计算节点，负责接收主节点命令与进行状态汇报；Executor 负责任务的执行；Client 作为用户的客户端负责提交应用；Driver 负责控制一个应用的执行。

Spark 集群部署后，需要在主节点和从节点分别启动 Master 进程和 Worker 进程，对整个集群进行控制。在一个 Spark 应用的执行过程中，Driver 和 Worker 是两个重要角色。Driver 程序是应用逻辑执行的起点，负责作业的调度，即 Task 任务的分发，而多个 Worker 用来管理计算节点和创建 Executor 并行处理任务。在执行阶段，Driver 会将 Task 和 Task 所依赖的 File 和 Jar 序列化后传递给对应的 Worker 机器，同时 Executor 对相应数据分区的任务进行处理。

Spark 的整体流程为：Client 提交应用，Master 找到一个 Worker 启动 Driver，Driver 向 Master 或者资源管理器申请资源，之后将应用转化为 RDD Graph，再由 DAGScheduler 将 RDD Graph 转化为 Stage 的有向无环图提交给 TaskScheduler，由 TaskScheduler 提交任务给 Executor 执行。在任务执行的过程中，其他组件协同工作，确保整个应用顺利执行。

3.5.5 Spark 的优势

Spark 作为现今最流行的分布式云平台技术，对比 Hadoop 云平台技术来说，可以总结出以下优势。

1. 内存管理中间结果

MapReduce 作为 Hadoop 的核心编程模型，将处理后的中间结果输出并存储到磁盘上，依赖 HDFS 文件系统存储每一个输出的结果。Spark 运用内存缓存输出的中间结果，便于提高中间结果再度使用的读取效率。

2. 优化数据格式

Spark 使用弹性分布式数据集。这是一种分布式内存存储结构，支持读写任意内存位置，运行时可以根据数据存放位置进行任务的调度，支持数据批量转换和创建相应的 RDD。

3. 优化执行策略

Spark 支持基于哈希函数的分布式聚合，不需要针对 Shuffle 进行全量任务的排序，调度时使用有向无环图，能够在一定程度上减少 MapReduce 在任务排序上花费的大量时间，成为一个优化的创新点。

4. 提高任务调度速率

Spark 启动任务采用事件驱动模式，尽量复用线程，减少线程启动和切换的时间开销。Hadoop 是以处理庞大数据为目的设计的，在处理略微小规模的数据时会出现任务调度上时间开销的增加。

5. 通用性强

Spark 支持多语言(Scala、Java、Python)编程，支持多种数据形式(流式计算、机器学习、图计算)的计算处理,通用性强且一定程度上方便研究人员对平台代码的复用和重写。

3.6 本章小结

本章介绍了云计算、云计算平台以及一些计算框架。云计算将大量用网络连接的计算资源统一管理和调度,构成一个计算资源池向用户按需提供服务,并且具有超大规模、高可靠性、虚拟化、高扩展性、按需服务、廉价等特点。

云计算的体系架构可分为核心服务、服务管理、用户访问接口三层,而在核心服务中有 IaaS、PaaS、SaaS 3 种服务模型。同时,云计算与分布式计算、网格计算、并行计算有紧密的联系。

MapReduce 平台是 Google 公司的专属云计算平台,包含了许多独特的技术,重点是数据存储、数据管理和编程模型 3 项关键技术。

Hadoop 是 Apache 开源组织的一个分布式计算开源框架,具有可扩展、经济、可靠、高效的特点,适用于海量数据的分析。在 Hadoop 框架中最核心的设计是 MapReduce 和 HDFS。

Spark 同 Hadoop 一样,也是一个开源分布式云计算平台,Spark 的编程模型是充分利用内存承载工作集,而且能保证容错。Spark 有两个抽象,第一个是弹性分布式数据集 RDD,另一个是共享变量。

Spark 与 Hadoop 最大的不同点在于,Hadoop 使用硬盘来存储数据,而 Spark 使用内存来存储数据,因此 Spark 可以提供超过 Hadoop 100 倍的运算速度。但是,由于内存断电后会丢失数据,Spark 不能用于处理需要长期保存的数据。

思考题

(1)云计算体系架构是什么?云计算的核心服务有哪些?

(2)请简述 MapReduce 编程模型原理。

(3)Hadoop 主要功能模块及对应的功能是什么?

(4)简述 Hadoop 大数据处理框架。

(5)请简述 HDFS 组件及运行机制。

(6)Spark 的架构和核心思想是什么?

(7)请比较 MapReduce、Hadoop、Spark 三个平台的优点和缺点。

(8)请调研一下目前国内阿里云、华为云等流行的云平台及其应用。

第 4 章　机器学习

机器学习是人工智能发展到一定阶段的产物，是实现人工智能应用的核心技术之一，也是人工智能算法研究领域的一个重要分支。计算机如何具有智能，机器学习是最根本的方法。如今机器学习相关的应用已经遍及生活中的各个方面，如人脸识别、模式识别、自然语言处理、计算机视觉、智能机器人、搜索引擎、数据挖掘、生物特征识别、专家系统、信用卡欺诈检测、医学诊断、DNA 序列测序、语音和手写识别、证券市场分析、战略游戏和机器人运用等。

近年来，人工智能在自然语言处理、计算机视觉等诸多领域都取得了重大进展，在机器翻译、人脸识别等活动中更是已经达到甚至超越了人类的能力，尤其是在举世瞩目的围棋"人机大战"中，Google 公司开发的阿尔法狗以绝对优势分别在 2016 年和 2017 年战胜了世界围棋冠军李世石和柯洁，让人类意识到人工智能技术的巨大潜力。可以说，正是目前机器学习理论和技术的进步才导致人工智能技术取得如此辉煌的成就。可以推测，在不久的将来，以机器学习为代表的人工智能技术还会为人类的未来生活带来深刻的变革和深远的影响。身处现代文明的社会，使用着互联网技术的我们，都应该了解一些机器学习的相关知识与概念。这些知识与概念可以帮我们更好地理解身边众多便利技术的背后原理，以及更好地理解当代科技的进程。

4.1　机器学习概述

机器学习是当前解决人工智能问题的主要技术，在人工智能体系中处于基础和核心地位。本部分将分别从机器学习的定义、发展、范围和方法 4 个方面对机器学习的内容进行阐述。

4.1.1　机器学习的定义

什么是机器学习？时至今日，业界并没有一个统一的机器学习的定义，而且也很难给出一个公认的、准确的定义。顾名思义，机器学习就是机器自己主动学习知识和技能的过程，也就是用计算机程序来模拟人的学习过程和学习能力，通过实际案例的学习使得程序不断获得知识和经验，同时通过获得的知识和经验，程序不断改善性能实现自我完善的过程。

下面我们从生活中常见的几个场景来认识机器学习。

"买西瓜为什么要拍一拍听声音？"

"明天出去游玩会堵车吗？"

"大雨马上要来了，没带伞，要尽快跑回去！"

"一部新电影要上映了，想看吗？"

在上述场景中，我们的大脑会根据获取到的信息和以往的经验，快速做出预判。挑选西瓜的时候，是以往既定的经验告诉我们，清脆的西瓜好吃，要拍一拍西瓜听声音是否清脆；出门前，我们要根据以往的经验，分析今天是工作日还是休息日来判断今天出门会不会堵车。我们在平时的生活中通过一点一滴的积累，获取经验需要的信息，在以后的生活中，经验则告诉我们它的预测结果。

那么，经验是如何建立起来的呢？我们的经验通常都是来自传授和经历中的学习。当我们第一次被父母或老师告知"天色阴沉、狂风骤起预示着可能马上就会有大雨"，我们接收了这个经验，并在以后的生活中用它来做判断，成功地躲避了大雨。或者是我们亲身经历了这样的天气，进一步验证了这个经验。这种正向或者负向的经历都会导致相关经验的建立。

除了传授，我们也会有从零开始学习的情况。以看电影为例，我们在观看了许多影片之后，在大脑里会根据对影片的喜好程度逐渐建立经验，形成自己的观影品位；当看到某部新上映的电影时，根据电影类型、导演或者演员，经验会决定我们对该影片观影欲望的大小。这种对电影的喜好程度判断的经验，是我们在平时的经历中逐渐学习获得的。每看完一部影片，我们都会产生喜欢、讨厌或者无感的结论，这些结论都会变成我们大脑的学习资料，经过多次的观影训练，大脑逐渐建立了电影喜好的预测模型。假设有一个计算机程序具备我们大脑建立经验模型的能力，那么只要把我们对以前观看过的电影的喜好程度告诉计算机程序，它就会通过学习我们的观影品位，同样可以建立一套经验模型来进行预测判断。这就是机器学习的概念和过程。

简而言之，机器学习是用数据或以往的经验来优化提升行为预测判断的计算机程序。从广义上来说，机器学习是一种能够赋予机器"学习"的能力，让它完成直接编程不能完成的功能的方法。实践方面，机器学习是一种通过利用数据训练出模型，然后使用模型进行预测的一种方法。

机器学习的基本结构可以总结为环境向学习系统提供信息，而学习系统利用这些信息修改知识库，以便完善自身。在具体应用中，学习系统利用环境提供的信息来修改和完善知识库后，执行系统就能提高完成任务的效能。执行系统在根据知识库完成任务的过程中，还能把获得的信息反馈给学习系统，让学习系统得到进一步扩充，如图 4-1所示。

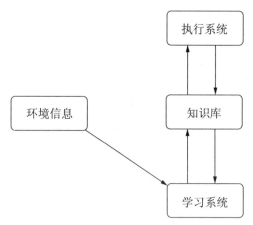

图 4-1　机器学习信息循环示意图

　　实际上，机器学习的过程与人类对历史经验归纳总结的过程是相似的。可以说，机器学习的过程就是人类对历史经验归纳过程的模拟。人类在成长过程中积累了很多的经验。人类定期地对这些经验进行归纳总结，获得生活的规律。当人类遇到未知的问题或者需要对未来进行推测的时候，就会使用这些规律，从而指导自己的生活和工作。机器学习的训练与预测过程，可以对应到人类的归纳与推测过程，如图 4-2 所示。通过这样的对应，我们会发现机器学习的思想并不复杂，其仅仅是对人类生活、学习、成长过程的一个模拟。由于机器学习不是基于编程形成的结果，因此它的处理过程不是因果的逻辑，而是通过归纳总结的思想得出的相关性结论。

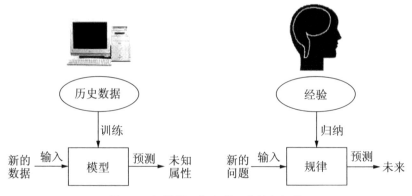

图 4-2　机器学习与人类思考的相似性

　　综上所述，机器学习是研究如何使用机器来模拟人类学习过程的一门学科，也是一门研究机器获取新知识和新技能，并识别现有知识的学科。机器学习是人工智能的一个分支，也是人工智能的一种实现方法。它从样本数据中学习知识和规律，然后用于实际的推断和决策。它与普通程序的一个显著区别是需要样本，是一种数据驱动的方法。

4.1.2 机器学习的发展

机器学习虽然是人工智能领域中一个比较年轻的分支，但它的发展历程一波三折，备受瞩目，可以大致分为以下几个发展阶段。

第一个阶段：20世纪50年代至60年代中期，机器学习处于诞生和基础奠定时期。1949年，唐纳德·赫布率先迈出了机器学习的第一步，他基于神经心理学的学习机制，完成了赫布学习规则。在赫布学习规则中，学习结果能促使系统提取训练数据的统计特性，根据相似程度对输入信息进行分类，这与人类认识事物的过程非常相似。1950年，图灵测试的提出可以用来判断机器是否具有智能。1952年，IBM科学家亚瑟·塞缪尔设计了一个西洋跳棋程序。程序能够自我学习，通过对大量棋局的分析，可以判断当前局面的好坏，同时可以提高自己的棋艺。塞缪尔率先提出了"机器学习"这一说法，并将其定义为可赋予计算机能力而无须显示编程的研究领域。1957年，布拉特基于神经感知科学提出了第二模型，该模型类似于机器学习模型。1960年，维德罗首次将Delta学习规则用于感知器的训练。1967年，近邻算法出现，它是一种简单易懂的机器学习分类算法。利用该算法，机器可以进行简单的模式识别。

第二个阶段：20世纪60年代中期至80年代，机器学习处于停滞不前的冷静时期。人们试图利用自身思维提取出来的规则来教会计算机执行决策行为，主流之力便是各式各样的专家系统，然而这些系统总会面临"知识稀疏"的问题，即面对无穷无尽的知识与信息，人们无法总结出万无一失的规律。例如，最好的医生是靠基于经验的图案识别而非依赖规则来诊断的，每个病人的信息录入需要半个小时以上，这给医生带来了困扰，而且系统必须随着新规则的诞生和旧规则的过时而不断更新，这种方式实际操作简直是医生的噩梦。通过模拟人类大脑学习的过程，让机器从数据中自主学习的研究应运而生，但早期神经网络由于缺乏原始计算能力，导致这种研究被搁置。此外，训练模型依赖大量数据，数据的缺乏也是导致研究停滞不前的一个重要原因，直到后面互联网和自然语言处理技术的发展，才导致机器学习迎来复兴。

第三个阶段：20世纪80年代至90年代，机器学习来到了重拾希望的复兴时期。1980年，美国卡耐基梅隆大学举办了第一届机器学习国际研讨会，标志着机器学习的研究在世界范围内再次兴起。这一时期神经网络得到巨大发展，相关的各种算法层出不穷。除神经网络算法外，其他类型的机器学习算法也被提出和研究。例如，ID3算法的提出带动了人们对决策树算法的研究。

第四个阶段：20世纪90年代至20世纪末，机器学习进入现代机器学习的成形时期。1990年，Boosting算法被提出，它可以用来提高弱分类算法的准确度。1995年，AdaBoost算法被提出，该算法具备较强的适应性，分类算法的准确性进一步加强。同年，科尔特斯和瓦普尼克首先提出了支持向量机的思想。它在解决小样本、非线性和高纬度模式识别时具有较大的优势，是机器学习领域一个重要的突破。此后，以支持向量机为代表的统计学习大放异彩，并将机器学习社区分为人工神经网络社区和支持向量机社区。

第五个阶段：21世纪初至今，机器学习进入全面爆发时期。2006年，欣顿和萨拉赫丁诺夫在《科学》上发表了一篇利用RBM编码的深层神经网络的学术论文。论文研究表明利用单层RBM自编码预训练使得深层的神经网络训练成为可能。文章的发表使得神经网络再次回到人们的视线之内，开启了深度学习在学术界和企业界的学习和应用热潮。

深度学习的成功很大程度上得益于大数据的驱动和计算能力的极大提升。机器学习的发展不是一帆风顺的，而是螺旋上升的过程，是大量学者投身于机器学习的研究才成就了今天的繁荣。

4.1.3 机器学习的范围

机器学习与模式识别、自然语言处理、语音识别、计算机视觉、统计学习、数据挖掘等领域都有密切的联系。从范围上来说，机器学习跟模式识别、数据挖掘、统计学习是类似的；同时，机器学习与其他领域处理技术的结合，形成了自然语言处理、语音识别、计算机视觉等交叉学科。因此，一般说数据挖掘时，可以等同于说机器学习。而平常所说的机器学习，应该是指广泛的机器学习，不仅局限在结构化数据方面，而且有图像、音频、视频等应用。

图4-3展示了机器学习所涉及的周边学科与研究领域。机器学习技术的发展推动了很多智能领域的进步，改善了我们的生活。

图4-3 机器学习与相关学科

4.1.4 机器学习的方法

机器学习作为人工智能研究领域中较为年轻的分支，它涉及多个领域的交叉学科。根据学习能力，机器学习可以分为监督学习(Supervised Learning)、无监督学习(Unsupervised Learning)、强化学习(Reinforcement Learning)。随着人工智能越来越被人们重视，深度学习(Deep Learning)也成了机器学习的一个新的领域。

图 4-4 展示了机器学习的方法。

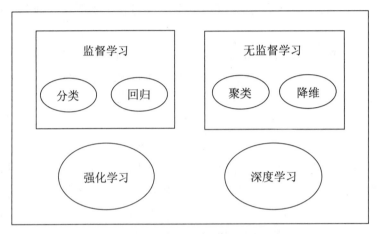

图 4-4　机器学习的方法

为了更好地理解以上不同类型的机器学习方法，我们首先定义一些概念。如前文所述，机器学习是建立在数据建模的基础上的，因此，数据是进行机器学习的基础。我们把所有数据的集合称为数据集(Dataset)，数据集中每条记录称为一个样本。样本在某些方面的表现或性质称为属性(Attribute)或特征(Feature)，每个样本属性通常对应特征空间中的一个坐标向量，称为一个特征向量(Feature Vector)。在如图 4-5 所示的数据集中，每个三角形、正方形和圆形都是一个样本，每个样本具有形状、颜色和大小三种不同的属性，那么其特征向量可由这三种属性共同构成，即 $x_1 = [\text{shape}, \text{color}, \text{size}]$。机器学习的目标就是从数据中学习出相应的模型(Model)，而这个模型会从数据中学习如何判断不同样本的形状、颜色和大小；模型建立后，在出现新的样本时，模型会给出相应的判断。在面对一个新样本时，可以根据样本的形状、颜色和大小等不同属性对样本进行相应的分类。为了建立这个模型，相关研究者提出了很多不同的策略，这些不同的策略就构成了机器学习的方法。本章将详细介绍监督学习、无监督学习、强化学习的相关内容，深度学习的内容将在下一章中进行介绍。

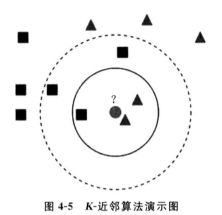

图 4-5　*K*-近邻算法演示图

4.2　监督学习

监督学习又被称为"有教师的学习"，所谓教师就是标签。监督的过程为先通过已知的训练样本(如已知输入和对应的输出)来训练，从而得到一个最优模型，再将这个模型应用在新的数据上，映射为输出结果。再经过这样的过程后，模型就有了预知能力。

监督学习是机器学习中最重要的一类方法，占据了目前机器学习算法的绝大部分。简单地说，监督学习就是在训练之前已经知道了输入和输出，而我们的目标就是组建一个输入准确映射到输出的模型，当向模型输入新的值时就能预测出对应的输出。其过程如图 4-6 所示。

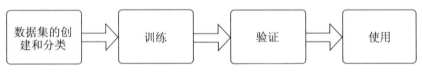

图 4-6　监督学习的过程

下面我们利用以上监督学习的过程来组建一个网络模型：从一个包含有猕猴桃的水果照片库中识别出猕猴桃的图片。以下是这个场景中主要采用的步骤。

步骤 1：数据集的创建和分类。首先浏览照片库中所有的照片，确定照片库中有猕猴桃的照片，并对其进行标注。其次将所有照片分成两个部分。使用第一部分的照片来进行训练，使用第二部分的照片来验证预测的结果是否正确。反映到数学上，该过程的目标就是在深度网络中寻找一个函数，该函数的输入是一张照片，而当照片中出现猕猴桃时，其输出为 1，否则输出为 0。该过程通常被称为分类任务。

步骤 2：训练。为了继续该过程，模型可通过以下规则(激活函数)对每张照片进行预测，从而决定是否点亮工作中的特定节点。这个模型每次从左到右在一个层上操作

（现在将更复杂的网络忽略掉）。当网络为网络中的每个节点计算好这一点后，将到达亮起（或未亮起）的最右边的节点（输出节点）。既然已经知道有猕猴桃的照片是哪些，那么就可以告诉模型它的预测是对还是错，然后会将这些信息反馈给网络。该算法使用的这种反馈，就是一个量化真实答案与模型预测有多少偏差的函数的结果。这个函数被称为成本函数。然后，该函数的结果用于修改反向传播过程中节点之间的连接强度和偏差，因为信息从结果节点向后传播。我们会对每个图片都重复一遍此操作，而在每种情况下，算法都在尽量最小化成本函数。

步骤3：验证。一旦处理了第一部分中的所有照片，我们就应该准备去测试该模型。此时就应充分利用好第二部分的照片，并使用它们来验证训练有素的模型是否可以准确地挑选出含有猕猴桃在内的照片。我们通常会通过调整和模型相关的各种事物来重复步骤2和步骤3，诸如里面有多少个节点，有多少层，哪些数学函数用于决定节点是否亮起，如何在反向传播阶段积极有效地训练权值等。

步骤4：使用。一旦有了一个准确的模型，就可以将该模型部署到应用程序中。可以将模型定义为API调用，并且可以从软件中调用该方法，从而可利用模型进行推理并给出相应的结果。

作为目前使用最广泛的机器学习算法，监督学习已经发展出数以百计的不同方法。下面将选取易于理解及目前被广泛使用的K-近邻算法、决策树和支持向量机为代表，介绍其基本原理。

4.2.1 K-近邻算法

K-近邻（K-Nearest Neighbors，KNN）算法是最简单的机器学习分类算法之一，适用于多种分类问题。K-近邻算法由托马斯等人于1967年提出。他基于以下思想：要确定一个样本的类别，可以计算它与所有训练样本的距离，然后找出和该样本最接近的K个样本，统计这些样本的类别进行投票，票数最多的那个类就是分类结果。简单来说，其核心思想就是"站队"：给定训练集，对于待分类的样本点，计算待预测样本和训练集中所有数据点的距离，按距离从小到大排列，并取前K个样本，哪个类别在前K个数据点中的数据量最多，就认为待预测的样本属于该类别。

图4-5所示的算法示意图中，已知的类型有三角形和正方形两种，圆形是新的样本，需要对其进行预测，判断圆形应该属于哪一类，是三角形，还是正方形呢？我们可以选取训练集中距离其最近的一部分样本点进行判断。假设K的值为3，由于三角形所占比例为2/3，正方形所占比例为1/3，所以圆形将被判断为三角形的类；而当K的值为5时，由于三角形所占比例为2/5，正方形所占比例为3/5，所以圆形将被判断为正方形的类。

综上所述，K-近邻算法的分类过程如下：首先前提条件是训练集中数据和标签都必须是已知的，在此基础上，输入测试数据，模型会比较输入的测试数据的特征与训练集中对应的特征，在训练集中找到与之最为相似的前 K 个数据，根据前 K 个数据中出现次数最多的那个分类，决定测试数据对应的类别是哪一个。K-近邻算法描述为：

①计算测试数据与各个训练数据之间的距离。

②按照距离从小到大进行排列。

③选取距离最小的前 K 个点。

④计算 K 个点所有类别的出现频率。

⑤取 K 个点中出现频率最高的类别作为测试数据的预测分类的结果。

但是 K-近邻算法的缺点也是显而易见的。其最主要的缺点是对参数的选择很敏感。从图 4-5 和上面的计算中可以看出，当 K 选取不同的值的时候会得到完全不同的结果。进一步计算，当 K 的值为 10 时，有 4 个三角形和 6 个正方形，则待测样本被预测为正方形，即使它可能真的是三角形。此外，K-近邻算法还有一个缺点，就是计算量大，每次分类都需要计算待预测数据与每一个训练样本之间的距离，当训练集数据非常大的情况下分类效率会比较低。因此 K-近邻算法在实际应用中被采用的不是很多。

4.2.2 决策树

决策树(Decision Tree)是在已知各种情况发生概率的基础上，通过构成决策树来求取净现值的期望值大于等于零的概率，评价项目风险，判断其可行性的决策分析方法，是直观运用概率分析的一种图解法。由于这种决策分支画成图形很像一棵树的枝干，故称决策树。决策树是一类常见的监督学习方法，代表的是对象属性与对象值之间的一种映射关系。决策树是基于树形结构来进行决策的，与人类在面对决策问题时自然的处理机制是一致的。一棵决策树一般包含一个根节点、若干个内部节点以及若干个叶子节点。其中每个内部节点表示一个属性上的测试，每个分支代表一个测试输出，每个叶子节点代表一种类别。

你是否玩过 20 个问题的游戏？游戏的规则很简单：参与游戏的一方在脑海里想某个事物，其他参与者向他提问题，只允许提 20 个问题，问题的答案也只能用对或错来回答。问问题的人通过推断分解，逐步缩小待猜测事物的范围。

如果你玩过这个游戏，那么恭喜你，你已经掌握了决策树算法的应用。是不是非常简单？

决策树的一般流程包含以下几个方面。

①收集数据：可以使用任何方法。

②准备数据：决策树构造算法只适用于标称型数据，因此数值型数据必须离散化。

③分析数据：可以使用任何方法，构造树完成后，我们应该检查图形是否符合预期。

④训练算法：构造树的数据结构。

⑤测试算法：使用经验树计算错误率。

⑥使用算法：此步骤可以适用于任何机器学习算法，而使用决策树可以更好地理解数据的内在含义。

上面这种朴素的算法很容易想到，但是太容易得到的它往往不够美好。如果自变量很多的时候，我们该选哪个作为根节点呢？选定了根节点后，树再往下生长接下来的内部节点该怎么选呢？针对这些问题，衍生了很多决策树算法，它们处理的根本问题是上面流程的第四步——训练算法，实际上也就是划分数据集方法。比较常用的决策树算法有 ID3 算法、C4.5 算法和分类回归树（Classification And Regression Tree，CART）算法。各种算法背后的原理无须深究，有兴趣的可以自行查阅相关文献。

举个简单的例子：假设我们记录了某个学校连续 14 届校运会按时举行或取消的几个因素，如图 4-7 所示，校运会举行或取消与天气、温度、湿度、风速等几个因素有关，以此来预测学校能不能如期举办运动会。经过简单分析可以发现，温度对校运会是否举行并没有决定性的作用，取剩下的 3 个因素作为节点形成决策树（作为根节点还是叶子节点，需要各自的熵决定，此处不再赘述），如图 4-8 所示。

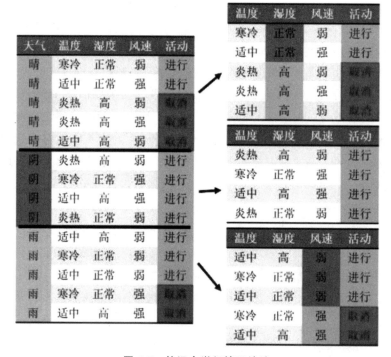

图 4-7　校运会举行情况统计

决策树的基本流程遵循简单且直观的"分治"思想。同其他分类算法相比，决策树易于理解和实现，具有能够直接体现数据的特点，因此人们在学习过程中不需要了解很多的背景知识，通过解释都能理解决策树所表达的意思。决策树往往不需要准备大量的数据，并且能够同时处理数据型和常规型属性，在相对短的时间内能够对大型数据源给出可行且效果良好的结果，同时，如果给定一个观察模型，那么根据所产生的

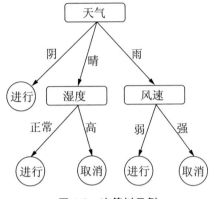

图 4-8　决策树示例

决策树很容易推出相应的逻辑表达式。

决策树也是一种分类方法。它的分类是二元的，一个值经过相应节点的测验，要么进入真分支，要么进入假分支。所以一组值经过决策树以后，就会形成从树根到结果节点的一条唯一路径。所以它除了可以对输入进行分类之外，还能给出如此分类的解释。因此，决策树常常被应用于专家系统，用于解释回答人类专家才能回答的问题。

4.2.3　支持向量机

支持向量机（Support Vector Machine，SVM）由瓦普尼克等人于 1995 年正式提出，因为其严格的理论基础以及在诸多分类任务中展示出的卓越性能，在提出后的二十多年里它是最有影响力的机器学习算法之一。支持向量机不仅可以用于分类问题，还可以用于回归问题。它具有泛化性能好、适合小样本和高维特征等优点，被广泛应用于各种实际问题中。

支持向量机模型是将实例映射为空间中的点，这样就可以使得单独类别的实例被尽可能大地分割开来，进一步将新的实例同样也映射到同一空间，根据它落在间隔的哪一侧来预测所属类别。简单来说，支持向量机模型是一种二类分类模型，我们把它的基本模型定义为特征空间上的间隔最大的线性分类器。也就是说，支持向量机模型的学习策略就是间隔最大化，最终可以转化为一个凸二次规划问题的求解。

下面通过一个简单的例子来介绍支持向量机模型。如图 4-9 所示，训练的实例由两类不同的点组成。为了简化模型，我们把训练的实例映射为空间的点并投影到一个二维平面上，两类不同的点分别用实心点和空心点表示，而且分别用"+1"和"−1"进行描述。现在要求用一条线（超平面在二维平面的投影）将实心球和空心球分开，于是支持向量机模型的目标就是求解可以将不同属性的点分开的那个超平面，在超平面一侧的数据点对应的纵坐标 y 值全为 1，而另一侧全为 −1。通常一个点距离超平面的远近可以表示为分类预测的准确程度。当一个数据点的分类间隔越大时，即离超平面越远时，分类的置信度越大。对于一个包含 n 个点的数据集，显然我们可以定义它的间隔为所有这 n 个点中间隔值最小的那个。于是，为了提高分类的置信度，我们所选择的超平面要能够最大化这个间隔值。这就是支持向量机模型算法的基础，即最大间隔准则。在图4-9中，距离超平面最近的几个训练样本点被称为"支持向量"，两类样本点中支持向量到超平面的距离之和被称为"间隔"。支持向量机的目标就是找到具有"最大间隔"的划分超平面。

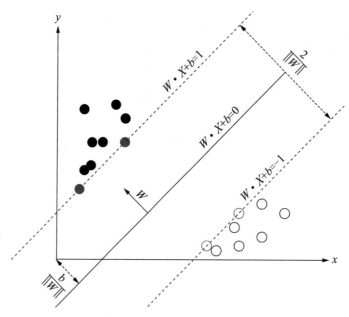

图 4-9 支持向量机的基本模型

上述问题仅仅是支持向量机问题的基本模型，很多现实问题往往都要考虑更加复杂的场景。基本模型中的训练样本是线性可分的，即一定会存在一个超平面可以将训练样本正确分类；然而在现实任务中的样本可能并不存在一个能正确划分两类样本的超平面。如图4-10(a)所示的训练样本中无法找到一个线性分类面，能够将图中的实心样本和空心样本分开。为了解决这类问题，相关研究者提出了很多解决办法，其中最重要的方法之一就是核方法。核方法通过一个核函数将数据映射到高维属性空间，在高维属性空间中训练样本数据，实现超平面的分割。它避免了在原输入空间中进行非线性曲面分割计算的问题，同时解决了在原始空间中线性不可分的问题。如图4-10(b)所示，原来在二维平面上的样本点线性不可分，通过核函数将原来在二维平面上的点映射到三维空间上，从而利用一个线性平面将图中的实心样本和空心样本分开。由于核函数的良好性能，计算量独立于空间的维度，只和支持向量的数量有关，而且在处理高维输入空间的分类问题时，相关的非线性扩展在计算量上并没有显著的增加。因此，该方法在目前机器学习任务中有非常广泛的应用，尤其是在解决线性不可分问题中。关于核函数和超平面的更多内容可以查阅周志华教授撰写的《机器学习》。

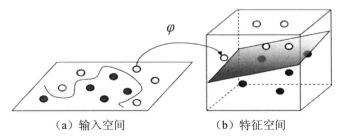

（a）输入空间　　　　　　　（b）特征空间

图4-10　利用核方法将线性不可分映射到高维空间

4.3　无监督学习

顾名思义，无监督学习就是不受监督的学习。它与监督学习的不同之处在于：在机器学习的时候，没有人为的数据标注，没有可以参考的样本或者已经分类的参考目标，而是需要机器直接对数据建立模型，通过模型不断地自我认知、自我巩固、自我归纳来实现其学习的过程。与监督学习相比，目前无监督学习的使用不够广泛，但它对机器学习的未来发展方向给出了很多启发和可能性。在研究者眼中，无监督学习更具有探索价值。

没有样本标注，计算机如何建立学习模型呢？其实类比我们人类运用思维的过程，无监督学习经常发生。可以用一个简单的例子来理解无监督学习。虽然我们非专业人员对音乐完全不懂，但我们能听出来哪些音乐欢快，哪些音乐悲伤。虽然我们不知道什么是轻音乐，什么是摇滚乐，但是我们能够自然地将他们区分开，这都是无监督学习。并没有人给我们模型将听到的音乐进行分类，但是我们依然能够将不同风格的音乐区别开来。

实际上，无监督学习更接近于人类的学习方式。例如，当婴儿刚接触世界时，面对一只小猫，父母会告诉他"这是猫"。后来再遇到不同的猫或者看到猫的照片的时候，父母不会一直告诉他"这是猫"，相反他会不断地自我发现、自我学习，不断调整自己对猫的认识，从而最终认识并理解什么是猫。常见的无监督学习方法主要有聚类和降维。下面分别进行简单介绍。

4.3.1　聚类算法

聚类算法是机器学习中涉及对数据进行分组的一种算法。在给定的数据集中，我们可以通过聚类算法将其分成一些不同的组。在理论上，相同的组的数据之间有相同的属性或者是特征，不同组数据之间的属性或者特征相差就会比较大。聚类算法是无监督学习中最重要的一类算法，并且作为一种常用的数据分析算法在很多领域上得到应用。自然科学和社会科学中存在着大量的分类问题。所谓类，通俗地说，就是指有相同的属性或者是特征的元素的集合。所谓聚类算法，就是把样本中属性或者特征的相同的样本聚集为一类，所有样本分为若干类的算法。在聚类算法中，训练样本的标记信息是未知的，给定一个由样本点组成的数据集。聚类算法的目标是通过对训练样本的学习，发现数据的内在性质及规律，然后根据属于同一类的样本点非常相似而属于不同类的样本点不相似的特点，将样本点划分成若干类。

简单地说，聚类算法尝试将数据集中的样本划分为若干个子集，每个子集之间通常是不相交的，每个子集被称为一个"簇"。聚类算法的目标就是使同一簇的样本尽可能彼此相似，即具有较高的内相似度；同时不同簇的样本尽可能不同，即簇间的相似度低。自机器学习诞生以来，研究者针对不同的问题提出了多种聚类算法，比如 K-均值算法(K-means)、分层聚类算法、基于密度的扫描聚类算法（DBSCAN）、高斯聚类模型算法等，其中最为广泛使用的就是 K-均值算法。下面我们通过一个简单的例子来介绍 K-均值算法的过程。

以下是 K-均值算法的计算流程：

①首先确定一个 K 值，即我们希望将数据集经过聚类得到 K 个集合。

②从数据集中随机选择 K 个数据点作为质心。

③对数据集中每一个点，计算其与每一个质心的距离，离哪个质心近，就划分到那个质心所属的集合。

④把所有数据归好集合后，一共有 K 个集合，然后重新计算每个集合的质心。

⑤如果新计算出来的质心和原来的质心之间的距离小于某一个设置的阈值（表示重新计算的质心的位置变化不大，趋于稳定，或者说收敛），我们可以认为聚类算法已经达到期望的结果，算法终止。

⑥如果新质心和原质心距离变化很大，需要迭代步骤③～⑤。

如图 4-11 所示，图(a)表达了初始的数据集，假设 K 值为 2。在图(b)中，我们随机选择了两个 K 类所对应的类别质心，即图中用×标记的质心，然后分别求样本中所有点到这两个质心的距离，并标记每个样本的类别为和该样本距离最小的质心的类别。如图(c)所示，经过计算样本和标记的两个质心的距离，我们得到了所有样本点的第一轮迭代后的类别。此时我们对当前标记的点分别求其新的质心，如图(d)所示，新的质心的位置已经发生了变动。图(e)和图(f)重复了图(c)和图(d)中的过程，即将所有点的类别标记为距离最近的质心的类别并求新的质心。最终我们得到的两个类别如图(f)所示。

K-均值算法的原理比较简单，实现也比较容易，收敛速度快，时间复杂度近似于线性，适合挖掘大规模数据集。但是 K-均值算法也有一定的缺点。K-均值算法的 K 值需要预先给定，很多情况下 K 值的估计是非常困难的，对初始选取的质心点是敏感的，不同的随机种子点得到的聚类结果完全不同，对结果影响很大，而且对噪声和异常点比较敏感。这些缺点会导致在很多情况下，K-均值算法得到的结果可能和我们预期会

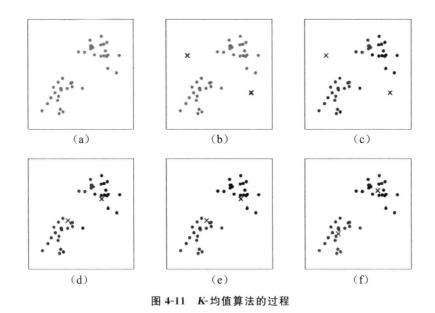

图 4-11 *K*-均值算法的过程

有很大的不同，这时往往需要通过设置不同的模型参数和初始位置来实现。

4.3.2 降维算法

降维（Dimensionality Reduction）是将数据的维度降低，目的是在尽可能保存相关的结构的同时降低数据的复杂度。在很多应用问题中，向量（数据）的维数会很高，处理高维向量不仅给算法带来挑战，而且不便于可视化，严重的还会面临维数灾难的问题。降低向量的维度，是数据分析中一种常用的手段。

在许多领域的研究与应用中，通常需要对含有多个变量的数据进行观测，收集大量数据后进行分析寻找规律。多变量大数据集无疑会为研究和应用提供丰富的信息，但是也在一定程度上增加了数据采集的工作量。更重要的是，在很多情形下，许多变量之间可能存在相关性，从而增加了问题分析的复杂性。如果分别对每个指标进行分析，分析往往是孤立的，不能完全利用数据中的信息，因此盲目减少指标会损失很多有用的信息，从而产生错误的结论。因此需要找到一种合理的方法，在减少需要分析的指标的同时，尽量减少原指标包含信息的损失，以达到对所收集数据进行全面分析的目的。由于各变量之间存在一定的相关关系，因此可以考虑将关系紧密的变量变成尽可能少的新变量，使这些新变量是两两不相关的，那么就可以用较少的综合指标分别代表存在于各个变量中的各类信息。例如，前面介绍的支持向量机的基本模型中，我们把三维的数据投影到二维平面上进行处理，简化了数据的复杂度，就是一种数据降维的操作。在电商平台上，商品的销量和评论数所包含的信息就有很大程度的重合——它们都代表了该商品的畅销度。所以这两者的相互替代性就很强，可以通过构造一个新的变量来代替这两个变量。像这种用少数几个新的变量代替原有数目庞大的变量，把重复的信息合并起来，既能达到降低现有数据的维度的目的，又能保证不会丢失重要信息的思想，就被称为降维。降维算法主要有主成分分析（Principal Component Analysis，PCA）、因子分析（Factor Analysis，FA）、独立成分分析（Independent Component Analysis，ICA）等。下面通过主成分分析法来说明什么是降维。

主成分分析（PCA）方法，是一种使用最广泛的数据降维算法。它试图在力保数据信息丢失最少的原则下，对多个变量进行最佳综合简化，即对高维变量空间进行降维处理。主成分分析方法的主要思想是将 n 维特征映射到 k 维上，这 k 维是全新的正交特征也被称为主成分，是在原有 n 维特征的基础上重新构造出来的 k 维特征。主成分分析方法的工作就是从原始的空间中顺序地找一组相互正交的坐标轴，新的坐标轴的选择与数据本身是密切相关的。转换坐标系时，以方差最大的方向作为坐标轴方向，因为数据的最大方差给出了数据的最重要的信息。第一个新坐标轴选择的是原始数据中方差最大的方向；第二个新坐标轴选取的是与第一个坐标轴正交的平面中使得方差最大的；第三个选取的是与第一、第二个轴正交的平面中方差最大的；依次类推，可以得到 n 个这样的坐标轴。通过这种方式获得的新的坐标轴，我们发现，大部分方差都包含在前面 k 个坐标轴中，后面的坐标轴所含的方差几乎为 0。于是，我们可以忽略余下的坐标轴，只保留前面 k 个含有绝大部分方差的坐标轴。事实上，这相当于只保留包含绝大部分方差的维度特征，而忽略包含方差几乎为 0 的特征维度，实现对数据特征的降维处理。

综上所述，当有很多样本，又想找一种或几种综合指标去很好地刻画数据的差异性的时候，就可以使用主成分分析法。通过原来变量的加权平均，或者说线性组合来构造得到这些指标，通过这些指标便可以在不丢失重要信息的前提下尽量地简化数据集，同时还可以从一种全面综合的视角来审视整个数据集，或者可以考量每一个个体的表现。

4.4 强化学习

强化学习是源自行为心理学的一类特殊的机器学习算法，其本质是解决智能体在环境中怎样执行动作才能获取最大累计奖励的问题。强化学习不同于监督学习和非监督学习，它并不要求预先给定任何数据，而是先执行动作，然后通过接收环境对该动作的奖励（反馈）获得学习信息，通过多次的训练尝试，得到各个状态环境中的最好的决策。简单来说，强化学习就是不断地尝试各种训练，错了就负奖励，对了就正奖励，由此得到在各个状态环境中的最佳决策。由此可见，强化学习是一种通过经验学习行为知识的机器学习方法，它包含四个元素：智能体、环境状态、行动、奖励。

那么，我们什么时候需要用到强化学习呢？下面以棋类游戏为例进行分析，在游戏中想要获取胜利，则需要知道在各种情况下进行下一步的最佳策略。想要获得每一步的最佳策略有一个比较快速有效的方法，即请一个有经验的人一步一步地教，该方法我们称为监督学习或有教师的学习。该方法效率虽高，但是存在局限性，如果某个游戏局面存在非常多的可能性，那么为每一个局面准备一个最佳对应策略是非常困难的。以围棋为例，对于以前棋谱中出现过的局面，我们可以通过棋谱获得最佳策略，但是过去的棋谱数据对于围棋这种变化非常复杂的棋类来说，可用于学习的数据是非常有限的，况且也无法确定棋谱上所提供的方法是不是该局面下的最佳策略。这时可采用强化学习来摆脱这一局限性，不能只是按照行动的每个阶段准备解法进行学习，而是要准备一系列行动的最终结果进行学习。

强化学习是一种基于经验的学习方法，即从大量的行动结果来进行学习。以上面讨论的下棋为例，学习下棋的方式稍有改变，监督学习是让教师传授这种局面的下一步该如何应对，而强化学习则是从游戏最终的胜负结果出发，以进行游戏知识的学习。在对战局中反复训练学习，渐渐地学习每一步比较好的走法，即强化学习是从结果出发，在比赛经验中学习知识。我们可以用图 4-12 来描述强化学习的框架。

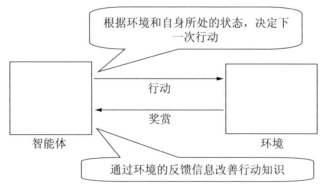

图 4-12　强化学习的框架

图 4-12 中的智能体是通过对环境和自身所处状态的探索，来确定与之相对应的下一步行动，也就是说智能体是通过自身与外部环境的相互作用所产生的结果来进行学习的。智能体包含了在某一状态下该采取什么样的对应策略的行动知识（策略或政策），由此可见智能体的学习机制为：做出行动，从环境中获得相应的奖励，然后通过奖励改善自己的行动知识。下面我们通过图 4-13 简单的流程图了解这一过程。

从图 4-13 可以看到，根据行动知识来采用行动决策时，智能体会在环境以及自身状态的基础上，根据某一判断标准确定下一行动的策略。通常强化学习有两种策略：一是探索，即尝试不同的行为，看这些行为是否会获得较以往更好的奖励；二是利用，即尝试过去经验中最有效的行为。如果只是利用，那么可能存在只能得到局部最优，得不到真正最优的策略；而如果只是探索，则得到的反馈可能一直很差。这是探索和利用之间存在的矛盾，也是强化学习要解决的重点和难点问题。

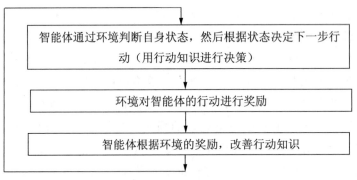

图 4-13　强化学习流程图

戴维·席尔瓦(阿尔法狗的发明者之一)认为,强化学习是解决通用人工智能的关键路径。强化学习已经被广泛应用在策略与控制类问题中,如策略类游戏、自动驾驶、视觉导航、人机对话、机器人控制等。在认知、神经科学领域,强化学习也有很重要的研究价值,已经成为机器学习领域的新热点。

4.5　本章小结

机器学习是人工智能的核心,它的应用遍布人工智能各个领域。分类是机器学习和模式识别的重要活动,很多问题都可以从分类问题演变而来,也有很多问题都可以转化为分类问题。

本章从机器学习概念入手,首先引入了生活中的几个场景,介绍了机器学习的过程;接着梳理了机器学习的发展历程,了解了机器学习的来龙去脉;在此基础上学习了机器学习的相关学科,给出了机器学习的几个方法。其次,本章着重介绍了最基本、最典型、应用最广泛的监督学习、无监督学习、强化学习的一些经典算法并分别举例说明,如监督学习中的 K-近邻算法、决策树、支持向量机,无监督学习中的聚类算法、降维算法以及强化学习的相关内容。

思考题

(1)简述人工智能与机器学习之间的关系。

(2)机器学习有哪些学习方法?

(3)监督学习的典型算法有哪些?请分别简要介绍。

(4)无监督学习的典型算法有哪些?请分别简要介绍。

(5)机器学习未来将如何影响我们的生活?又存在哪些隐患?

第 5 章　人工神经网络与深度学习

人工神经网络是一个用大量简单处理单元经广泛连接而组成的人工网络，是对人脑或生物神经网络若干基本特性的抽象和模拟。神经网络理论为机器学习等许多问题的研究提供了一条新的思路，目前已经在模式识别、机器视觉、联想记忆、自动控制、信号处理、软测量、决策分析、智能计算、组合优化问题求解、数据挖掘等方面获得成功应用。

神经网络的研究已经获得许多成果，出现了大量的神经网络模型和算法。本章着重介绍最基本、最典型、应用最广泛的反向传播（Back-Propagation，BP）神经网络和Hopfield 神经网络及它们在模式识别、联想记忆、软测量、智能计算、组合优化问题求解等方面的应用。在此基础上，读者可以进一步学习神经网络的其他内容。

5.1　人工神经网络的发展概况

众所周知，人脑是由几十亿个高度互连的神经元组成的复杂生物网络，也是人类分析、联想、记忆和逻辑推理等能力的来源。模拟人脑中信息存储和处理的基本单元——神经元而组成的人工神经网络模型具有自学习与自组织等智能行为，能够使机器具有一定程度上的智能水平。在几十年的发展历程中，神经网络学说历经质疑、批判与冷落，同时也几度繁荣并取得了许多令人瞩目的成就。从 20 世纪 40 年代的 MP 神经元和赫布学习规则，到 20 世纪 50 年代的感知器（Perceptron）兴起，如霍德金-哈克斯利（Hodykin-Huxley）方程感知器模型与自适应滤波器，再到 20 世纪 60 年代末，由于各种预言的失败，研究经费被大量削减甚至取消，人工智能进入被称为“AI Winter”的人工智能之冬。直到 20 世纪 80 年代，Hopfield 神经网络、Boltzman机等的出现，特别是 BP 网络及算法的提出，将神经网络推向第二次发展高潮。在此之后，支持向量机的应用、Boosting 算法的提出，特别是借助现代计算机计算能力的提升，卷积神经网络（Convolutional Neural Network，CNN）将神经网络推向第三次发展高潮。目前，模拟人脑复杂的层次化认知特点的深度学习已经成为类脑智能中的一个重要研究方向。通过增加网络层数所构造的"深层神经网络"使机器能够获得"抽象概念"能力，在诸多领域都取得了巨大的成功，又掀起了神经网络研究和应用的一个新高潮。人工神经网络的发展过程如图 5-1 所示。

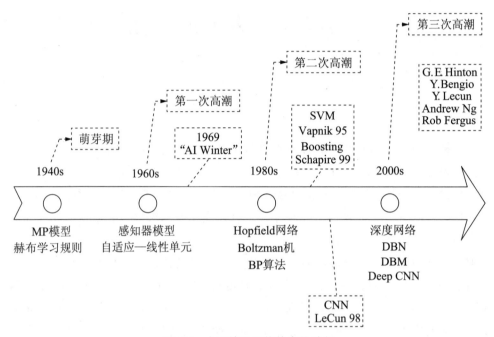

图 5-1　人工神经网络的发展过程

5.2　人工神经元与神经网络

5.2.1　生物神经元结构

人工神经网络是在神经细胞水平上对人脑的简化和模拟，其核心是人工神经元。人工神经元的形态来源于神经生理学中对生物神经元的研究。因此，在叙述人工神经元之前，首先介绍目前人们对生物神经元的构成及其工作机理的认识。

人的大脑内约有 10^{11} 个神经元，每个神经元与其他神经元之间约有 1000 个连接，这样，大脑内约有 10^{14} 个连接。如果将一个人大脑中所有神经细胞的轴突和树突依次连接起来，拉成一条直线，则可以从地球连到月亮，再从月亮连到地球。人的智能行为就是由如此高度复杂的组织产生。在浩瀚的宇宙中，也许只有包含数千亿颗星球的银河系的复杂性能够与大脑相比。

从生物控制与信息处理的角度看，生物神经元的基本结构如图 5-2 所示。

神经元的主体部分为细胞体。细胞体由细胞核、细胞质、细胞膜等组成。每

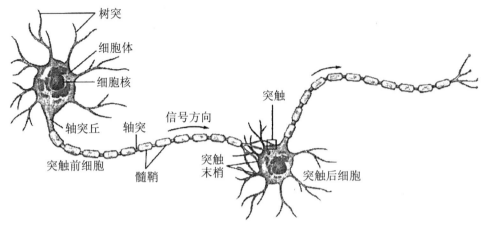

图 5-2 生物神经元的基本结构

个细胞体都有一个细胞核,埋藏在细胞体之中,进行呼吸和新陈代谢等许多生化过程。神经元还包括树突和一条长的轴突,由细胞体向外伸出的最长的一条分支称为轴突即神经纤维。轴突末端部分有许多分支,叫轴突末梢。典型的轴突长1 cm,是细胞体直径的 100 倍。一个神经元通过轴突末梢与 10 到 10 万个其他神经元相连接。轴突是用来传递和输出信息的,其端部的许多轴突末梢为信号输出端子,将神经冲动传给其他神经元。由细胞体向外伸出的其他许多较短的分支称为树突。树突相当于细胞的输入端,树突的全长各点都能接收其他神经元的冲动。神经冲动只能由前一级神经元的轴突末梢传向下一级神经元的树突或细胞体,不能反方向传递。

生物神经元中的细胞体相当于一个处理器,它对来自其他各个生物神经元的信号进行整合,在此基础上产生一个神经输出信号。由于细胞膜将细胞体内外分开,因此,在细胞体的内外具有不同的电位,通常是内部电位比外部电位低。细胞膜内外的电位差被称为膜电位。无信号输入时的膜电位称为静止膜电位。当一个神经元的所有输入总效应达到某个阈值电位时,该细胞变为活性细胞,其膜电位将自发地急剧升高产生一个电脉冲。这个电脉冲又会从细胞体出发沿轴突到达神经末梢,并经与其他神经元连接的突触,将这一电脉冲传给相应的生物神经元。

生物神经元的上述工作机制是人工神经元诞生的依据,确定了人工神经元的基本形态。

5.2.2 人工神经元数学模型

早在 1943 年,美国神经和解剖学家麦克洛奇和数学家匹兹就提出了神经元的数学模型(MP 模型),从此开创了神经科学理论研究的时代。从 20 世纪 40 年代开始,根据神经元的结构和功能不同,先后提出的神经元模型有几百种之多。下面介绍神经元的一种所谓标准、统一的数学模型,它由三部分组成,即加权求和、线性动态系统和非线性函数映射,如图 5-3 所示。

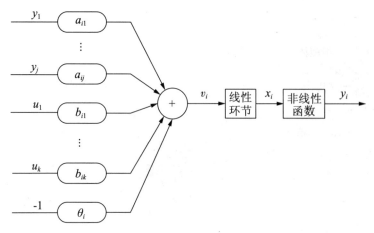

图 5-3 神经元的数学模型

图 5-3 中，$y_i(t)$ 为第 i 个神经元的输出，θ_i 为第 i 个神经元的阈值（$i=1$，2，…，N）；$u_k(t)(k=1$，2，…，M）为外部输入；a_{ij}，b_{ik} 为权值。

加权求和

$$v_i(t)=\sum_{j=1}^{N}a_{ij}y_j(t)+\sum_{k=1}^{M}b_{ik}\mu_k(t)-\theta_i 。 \tag{5.1}$$

将式(5.1)记为矩阵形式

$$\boldsymbol{V}(t)=\boldsymbol{A}\boldsymbol{Y}(t)+\boldsymbol{B}\boldsymbol{U}(t)-\boldsymbol{\theta}， \tag{5.2}$$

式中，$\boldsymbol{A}=[a_{ij}]_{N\times N}$，$\boldsymbol{B}=[b_{ik}]_{N\times M}$，$\boldsymbol{V}=[v_1，…，v_N]^T$，$\boldsymbol{Y}=[y_1，…，y_N]^T$，$\boldsymbol{U}=[u_1，…，u_M]^T$，$\boldsymbol{\theta}=[\theta_1，…，\theta_N]^T$。

线性环节的传递函数描述为

$$\boldsymbol{X}_i(s)=\boldsymbol{H}(s)\boldsymbol{V}_i(s)， \tag{5.3}$$

式中，$\boldsymbol{H}(s)$ 通常取为：1，$\dfrac{1}{s}$，$\dfrac{1}{Ts+1}$，e^{-Ts} 及其组合等。

神经元输出 $y_i(t)$ 与 $y_i(t)$ 之间的非线性函数关系最常用的有以下两种。

1. 阶跃函数

$$f(x_i)=\begin{cases}1，& x_i\geqslant 0，\\ 0，& x_i\leqslant 0。\end{cases} \tag{5.4}$$

或

$$f(x_i)=\begin{cases}1，& x_i\geqslant 0，\\ -1，& x_i\leqslant 0。\end{cases} \tag{5.5}$$

2. S 型函数

它具有平滑和渐近性，并保持单调性，是最常用的非线性函数。最常用的 S 型函数为 Sigmoid 函数。

$$f(x_i)=\frac{1}{1+\mathrm{e}^{-ax_i}}， \tag{5.6}$$

式中，α 可以控制其斜率。

对于需要神经元输出在 $[-1, 1]$ 区间时，S 型函数可以选为双曲线正切函数（hy-perbolic tangent function），即

$$f(x_i) = \frac{1 - e^{-\alpha x_i}}{1 + e^{-\alpha x_i}} \text{。}\tag{5.7}$$

5.2.3 感知器

感知器（Perceptron）是由美国学者罗森布拉特于 1958 年提出的，是一个具有单层计算单元的人工神经网络。感知器训练算法就是由这种神经网络演变而来的，是一种二分类的线性分类模型，是神经网络和支持向量机的基础。

感知器的拓扑结构如图 5-4 所示，图中的输入层也称为感知层，有 n 个神经元节点，这些节点只负责引入外部信息，自身无信息处理能力，每个节点接收一个输入信号，n 个输入信号构成输入列向量 $\boldsymbol{X}$。输出层也称为处理层，有 m 个神经元节点，每个节点均具有信息处理能力，m 个节点向外部输出处理信息，构成输出列向量 $\boldsymbol{O}$。两层之间的连接权值用权值列向量 $\boldsymbol{W}_j$ 表示，m 个权向量构成单层感知器的权值矩阵 $\boldsymbol{W}$。

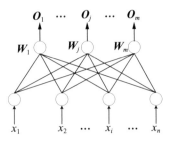

图 5-4 感知器的拓扑结构

感知器模型为

$$f(x) = \text{sign}(w^T x + b) \text{。}\tag{5.8}$$

其中，x 为输入，$f(x)$ 为输出，w 为权值，b 为偏置，$w^T x$ 表示内积计算，sign() 为符号函数。感知器可以理解为一个分离超平面 $\boldsymbol{S}$，这个分离超平面的方程为 $w^T x + b = 0$，它将所有正负例点分开，如图 5-5 所示。

因此，感知器学习的目标就是找到一个将训练集正负实例点完全正确分开的分离超平面。这个过程可以提炼为确定合适的参数 w、b，将所有的点到该几何平面的总距离即损失函数最小化。

感知器学习算法有以下几个步骤。

步骤 1：给出训练数据集 $D = \{(x_1, y_1), (x_2, y_2), \cdots, (x_N, y_N)\}$，给出学习率 η。

步骤 2：选出初始参数值 w_0、b_0。

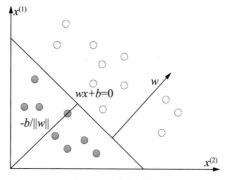

图 5-5 感知器模型

步骤 3：任取训练数据集中的数据点，计算 $y_i(w^T x_i + b)$，如果小于 0，进行如下更新参数计算。

$$w \leftarrow w + \eta y_i x_i, \quad b \leftarrow b + \eta y_i。$$

步骤 4：选取新的数据点，继续进行参数更新运算，直到训练集中没有误分类点。

步骤 5：生成最终的 w 和 b 后，生成的感知器模型即 $f(x) = \text{sign}(w^T x + b)$。

最后，不加证明地给出感知器模型的收敛性定理：若训练样本是线性可分，则感知器训练算法在有限次迭代后可以收敛到正确的解向量。

5.2.4 人工神经网络的定义和特点

人工神经网络在工程与学术界也常直接简称为神经网络或类神经网络。

神经网络用于模拟人脑神经元的活动过程，当中包含对信息的加工、存储和搜索等过程。人工神经网络具有以下基本特点。

1. 高度的并行性

人工神经网络由很多同样的简单处理单元并联组合而成，尽管每一个神经元的功能简单，但大量神经元的并行处理能力和效果却十分惊人。

2. 高度的非线性全局作用

人工神经网络中每一个神经元接收大量其他神经元的输入，并通过并行网络产生输出，影响其他神经元。网络之间这样的互相制约和互相影响，实现了从输入状态到输出状态空间的非线性映射。从全局的观点来看，网络总体性能不是网络局部性能的叠加，而是表现出了某种集体性的行为。

3. 良好的自适应、自学习功能

人工神经网络通过学习训练获得网络的权值与结构，呈现出非常强的自学习能力和对环境的自适应能力。这种自适应性依据所提供的数据，通过学习和训练，找出输入和输出之间的内在关系，从而求取问题的解，而不是依据处理问题的经验知识和规则。

4. 非凸性

神经网络的非凸性指它有多个极值，即系统具有不止一个较稳定的平衡状态，这种特性会使系统的演化多样化。

5.2.5　人工神经网络的结构

众多的神经元的轴突和其他神经元或者自身的树突相连接，构成复杂的神经网络。根据神经网络中神经元的连接方式可以将神经网络划分为不同类型的结构。人工神经网络的结构基本上分为两类，即递归(反馈)网络和前馈(多层)网络。

1. 递归(反馈)网络

在递归网络中，多个神经元互连以组织一个互连神经网络，如图 5-6 所示。有些神经元的输出被反馈至同层或前层神经元。因此，信号能够从正向和反向流通。Hopfield 网络、Elmman 网络和 Jordan 网络是递归网络中具有代表性的例子。递归网络又叫作反馈网络。

在图 5-6 中，V_i 表示节点的状态，x_i 为节点的输入(初始)值，x_i' 为收敛后的输出值，$i=1, 2, \cdots, n$。

2. 前馈(多层)网络

前馈网络具有递阶分层结构，由一些同层神经元间不存在互连的层级组成。从输入层至输出层的信号通过单向连接流通；神经元从一层连接至下一层，不存在同层神经元间的连接，如图 5-7 所示。在图 5-7 中，实线指明实际信号流通，虚线表示反向传播。前馈网络的例子有多层感知器(MLP)、学习矢量量化(LVQ)网络、小脑模型连接控制(CMAC)网络和数据处理方法(GMDH)网络等。

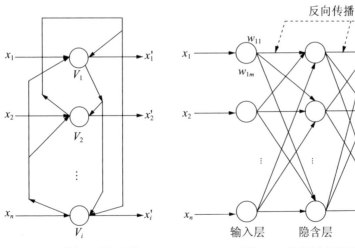

图 5-6　递归(反馈)网络　　　　图 5-7　前馈(多层)网络

5.3 BP 神经网络

反向传播学习算法简称为 BP 算法，采用 BP 算法的前馈型神经网络简称为 BP 网络。作为一种前馈型神经计算模型，BP 网络与多层感知器没有本质的区别。然而，有了 BP 算法，BP 网络便有了强大的计算能力，可表达各种复杂映射。BP 网络自出现以来一直是神经计算科学中最为流行的神经计算模型，得到了极其广泛的应用。

5.3.1 BP 神经网络的结构

BP 神经网络（Back-Propagation Neural Network）就是多层前向网络，其结构如图 5-8 所示。

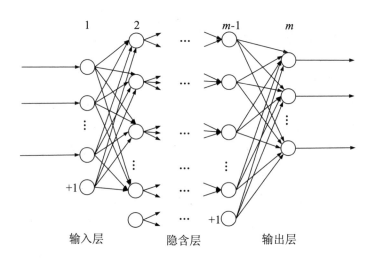

图 5-8 BP 神经网络结构

设 BP 神经网络有 m 层。第一层称为输入层，最后一层称为输出层，中间各层称为隐含层。标上"+1"的圆圈称为偏置节点。没有其他单元连向偏置单元（bias units）。偏置单元没有输入，它的输出总是 +1。输入层起缓冲存储器的作用，把数据源加到网络上，因此，输入层的神经元的输入与输出关系一般是线性函数。隐含层中各个神经元的输入与输出关系一般为非线性函数。隐含层 k 与输出层中各个神经元的非线性输入与输出关系记为 $f_k(k=2，\cdots，m)$。由第 $k-1$ 层的第 j 个神经元到第 k 层的第 i 个神经元的连接权值为 w_{ij}^k。并设第 k 层中第 i 个神经元输入的总和为 u_i^k，输出为 y_i^k，则各变量之间的关系为

$$y_i^k = f(u_i^k),$$
$$u_i^k = \sum_j w_{ij}^{k-1} y_j^{k-1} \quad (k=2,\cdots,m) 。 \tag{5.9}$$

当 BP 神经网络输入数据 $X=[x_1, x_2, \cdots, x_{p_1}]^T$（设输入层有 p_1 个神经元），从输入层依次经过各隐含层节点，可得到输出数据 $Y=[y_1^m, y_2^m, \cdots, y_{p_m}^m]^T$（设输出层有 p_m 个神经元）。因此，可以把 BP 神经网络看成是一个从输入到输出的非线性映射。

给定 N 组输入输出样本为 $\{X_{si}, Y_{si}\}$，$i=1, 2, \cdots, N$。如何调整 BP 神经网络的权值，使 BP 神经网络输入为样本 X_{si} 时，神经网络的输出为样本 Y_{si}？这就是 BP 神经网络的学习问题。可见，BP 学习算法是一种有师学习算法。

要解决 BP 神经网络的学习问题，关键要解决两个问题。

第一，是否存在一个 BP 神经网络能够逼近给定的样本或者函数？

下述定理可以回答这个问题。

柯尔莫哥洛夫(Kolmogorov)定理：给定任意 $\varepsilon > 0$，对于任意的连续函数 f，存在一个三层 BP 神经网络，其输入层有 p_1 个神经元，中间层有 $2p_1+1$ 个神经元，输出层有 p_m 个神经元，它可以在任意 ε 平方误差精度内逼近 f。

上述定理不仅证明了映射网络的存在，而且说明了映射网络的结构。就是说，总存在一个结构为 $p_1 \times (2p_1+1) \times p_m$ 的三层前向神经网络能够精确地逼近任意的连续函数 f。但对多层 BP 神经网络，如何合理地选取 BP 网络的隐含层数及隐含层的节点数，目前尚无有效的理论和方法。

第二，如何调整 BP 神经网络的权值，使 BP 神经网络的输入与输出之间的关系与给定的样本相同？BP 学习算法给出了具体的调整算法。

5.3.2 BP 学习算法

BP 学习算法最早是由韦伯斯在 1974 年提出的。鲁姆哈特等人在 1985 年发展了 BP 学习算法，实现了明斯基多层感知器的设想。

BP 学习算法是通过反向学习过程使误差最小，因此选择目标函数为

$$\min J = \frac{1}{2} \sum_{j=1}^{p_m} (y_j^m - y_{sj})^2 \text{。} \tag{5.10}$$

即选择神经网络权值使期望输出 y_{sj} 与神经网络实际输出 y_j^m 之差的平方和最小。

这种学习算法实际上是求目标函数 J 的极小值，约束条件是式(5.9)，可以利用非线性规划中的"最快下降法"，使权值沿目标函数的负梯度方向改变，因此，神经网络权值的修正量为

$$\Delta w_{ij}^{k-1} = -\varepsilon \frac{\partial J}{\partial w_{ij}^{k-1}} \quad (\varepsilon > 0) \text{。} \tag{5.11}$$

式中，ε 为学习步长，一般小于 0.5。

5.3.3 BP 学习算法的实现

BP 学习算法的程序框图如图 5-9 所示。

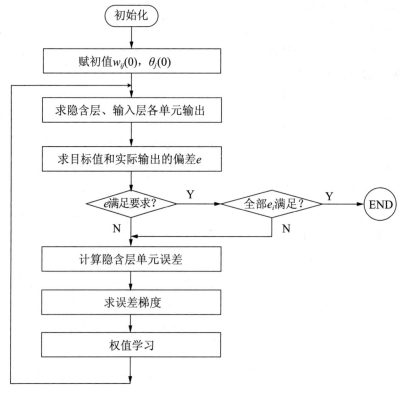

图 5-9　BP 学习算法的程序框图

在 BP 算法实现时，还要注意下列问题。

1. 训练数据预处理

预处理过程包含一系列的线性特征比例变换，将所有的特征变换到[0，1]或者[-1，1]区间内，使得在每个训练集上，每个特征的均值为 0，并且具有相同的方差。预处理过程也称为尺度变换（scaling），或者规格化（normalization）。

2. 后处理过程

当应用神经网络进行分类操作时，通常将输出值编码成所谓的名义变量，具体的值对应类别标号。在一个两类分类问题中，可以仅使用一个输出，将它编码成一个二值变量（如+1，-1）。当具有更多的类别时，应当为每个类别分配一个代表类别决策的名义输出值。例如，对于一个三类分类问题，可以设置三个名义输出，每个名义输出取值为{+1，-1}，对应的各个类别决策为{+1，-1，-1}，{-1，+1，-1}，{-1，-1，+1}。利用阈值可以将神经网络的输出值变换成为合适的名义输出值。

3. 初始权值的影响及设置

和所有梯度下降算法一样，初始权值对 BP 神经网络的最终解有很大的影响。虽然全部设置为 0 显得比较自然，但这将导致很不理想的结果。如果输出层的权值全部为 0，则反向传播误差也将为 0，输出层前面的权值将不会改变。因此，一般以一个均值为 0 的随机分布设置 BP 神经网络的初始权值。

5.3.4 BP 神经网络的应用

1. BP 神经网络在模式识别中的应用

模式识别主要研究用计算机模拟生物、人的感知，对模式信息（如图像、文字、语音等）进行识别和分类。传统人工智能的研究部分地显示了人脑的归纳、推理等智能。但是，对于人类底层的智能，如视觉、听觉、触觉等方面，现代计算机系统的信息处理能力还不如一个幼儿园的孩子。

神经网络模型模拟了人脑神经系统的特点：处理单元的广泛连接，并行分布式信息储存、处理，自适应学习能力等。神经元网络的研究为模式识别开辟了新的研究途径。与传统的模式识别方法相比，神经网络方法具有较强的容错能力、自适应学习能力、并行信息处理能力。

例 5.1　设计一个三层 BP 网络对数字 0～9 进行分类。训练数据如图 5-10 所示，测试数据如图 5-11 所示。

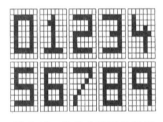 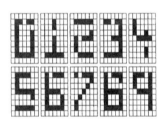

图 5-10　数字分配训练数据　　　　图 5-11　数字分配测试数据

解：该分类问题有 10 类，且每个目标向量应该是这 10 个向量中的一个。目标值由数字 1～9 的 9 个向量中的一个表示，0 是由所有节点的输出全为 0 来表示。每个数字用 9×7 的网格表示，灰色像素代表 0，黑色像素代表 1。将网格表示为 0 或者 1 的长位串。位映射由左上角开始向下直到网格的整个一列，然后重复其他列。

例如，数字"1"的网格的数字串为{0, 0, 0, 0, 0, 0, 0, 0, 0; 0, 0, 0, 0, 0, 0, 0, 1, 0; 0, 1, 0, 0, 0, 0, 1, 0; 0, 1, 1, 1, 1, 1, 1, 1, 0; 0, 0, 0, 0, 0, 0, 0, 1, 0; 0, 0, 0, 0, 0, 0, 0, 1, 0; 0, 0, 0, 0, 0, 0, 0, 0, 0}。

选择网络结构为 63-6-9。9×7 个输入节点，对应上述网格的映射。9 个输出节点对应 10 种分类。使用的学习步长为 0.3。训练 1000 个周期，如果输出节点的值大于 0.9，则取为 1，如果输出节点的值小于 0.1，则取为 0。

当训练成功后，对如图 5-11 所示测试数据进行测试。图 5-11 所示测试数据都有一个或者多个位丢失。测试结果表明：除了 8 以外，所有被测的数字都能够被正确地识别。对于数字 8，第 8 个节点的输出值为 0.49，而第 6 个节点的输出值为 1，表明第 8 个测试数据是模糊的，可能是数字 6，也可能是数字 8，但也不完全确信是 6 或 8 两者之一。实际上，人识别这个数字时也会发生这种错误。

2.BP 神经网络在软测量中的应用

(1)软测量技术

在工业过程中，为了保证产品的质量和生产的连续平稳，需要对与品质密切相关的过程变量进行实时监控，然而常常存在一些重要的变量无法或难以用传感器直接检测。例如，化学反应器的产品质量、发酵罐的菌体浓度等都是很难在线测量的。有时，这类变量可以采用在线分析仪直接测量，但需要很大的设备投资，并且会有很大的滞后。对于这类变量可以采用软测量方法进行间接测量。

软测量是利用一些可测变量去估计那些难以测量的变量的技术。

软测量技术是基于 20 世纪 70 年代布罗西洛提出的推断控制。近年来，软测量技术在理论研究和工业应用方面都取得了较大进展。理论研究经历了从线性到非线性、从静态到动态、从无校正到有校正功能的过程。它能够连续计算那些不可测或难以检测的参数，在一定程度上可以代替在线分析仪表。

软测量的基本过程是：依据生产过程中有关的变量间的关联，选择与被估计变量（难以或无法在线检测的）相关的一组可测变量，构造以可测变量为输入、被估计变量为输出的数学模型，用计算机软件实现被估计变量的最佳估计。在软测量系统中，被估计的变量称为主导变量，与被估计变量相关的一组可测变量称为辅助变量。软测量的基本过程如图 5-12 所示。

图 5-12 软测量的基本过程

这类数学模型及相应的计算机软件被称为软测量器或软仪表。软测量的输出可作为控制系统的被控变量或反映过程特征的工艺参数，为优化控制与决策提供基础。

软测量系统的设计主要有辅助变量的选择、数据采集与处理、软测量模型的建立等。

辅助变量的选择。辅助变量的选择对主导变量的估计有重要的影响。辅助变量的选择包括变量类型、变量数量和检测点位置的选择。这三个方面是互相关联、互相影响的，不但由过程特性决定，还受设备价格和可靠性、安装和维护的难易程度等外部因素制约。辅助变量数目的下限是被估计的变量数，而最佳数目则与过程的自由度、测量噪声以及模型的不确定性有关。辅助变量的选择确定了软测量的输入信息矩阵，因而直接决定了软测量模型的结构和输出。

数据采集与处理。测量数据通过安装在现场的传感器、变送器等仪表获得，受到仪表精度、测量原理、测量方法、生产环境的影响。测量数据都不可避免地含有误差，甚至有严重的误差。如果将这些数据直接用于软测量，则很难得到正确的主导变量估计值。因此，必须对原始数据进行预处理（数据校正和数据变换）以得到精确可靠的数据。这是软测量成败的关键，具有十分重要的意义。

软测量模型的建立。软测量模型是软测量技术的核心。它不同于一般意义下的数学模型，它主要是通过辅助变量来获得对主导变量的最佳估计。目前已经提出了许多建模方法，如基于过程机理分析的机理建模方法、基于实验数据的系统辨识方法等。事实上，实际过程的输入和输出的关系可能是复杂的，很难用一个简单的函数表示，特别是很难弄清楚数据中输入和输出的关系。BP 神经网络能够逼近任意复杂函数，具有学习功能，非常适合于作为软测量模型，可以从实验数据中"学习"到这个关系。

(2)污水处理过程中的神经网络软测量模型

下面以污水处理质量指标检测为例，介绍神经网络的软测量方法。

随着现代工业的迅猛发展，工业污水对人类赖以生存的水资源的破坏越来越严重，污水处理成为国内外迫切需要解决的问题。近几年来，水处理过程控制成为国内外的研究热点。但是，由于目前检测污水质量指标的传感器实时性差、误差大、价格昂贵，许多方法采用开环控制，或者选择其他间接指标进行控制，影响了控制效果。因此，在线检测污水质量指标成为提高控制质量的关键。

随着能够检测污水生物处理过程参数的检测仪器的发展，很多研究人员对污水生物处理中各种底物（C、N、P）和各种检测参数之间的变化规律进行了研究，试图采用间接指标实现反馈控制。但由于这些关系的复杂性，很难基于机理分析方法给出确切的关系。下面运用 BP 神经网络实现污水处理质量指标软测量。

污水所含的污染物质千差万别，主要指标有物理、化学、生物三大类。从水体有机污染物看，其主要危害是消耗水中溶解氧。一般采用生物化学需氧量（BOD）、化学需氧量（COD）等指标来反映水中需氧有机物的含量。污水中的氮（N）、磷（P）虽为植物营养元素，但过多的 N、P 进入天然水体却易导致富营养化。因此，BOD、COD、N 和 P 是反映水质好坏的重要指标。污水中 COD 和 BOD 的测定方法较为烦琐且耗时很长，使测出结果的时间严重滞后实际运行的时间，不能及时反映实际情况。目前，虽然出现了 COD 浓度在线检测仪，但仍存在滞后、较大误差及价格昂贵等问题。

对于污水的监测和处理已经提出了许多方法。目前广泛使用的是序批式活性污泥法（SBR）。SBR 由曝气池、沉淀池、污泥回流和剩余污泥排除几个系统组成，如图 5-13 所示。

污水和回流的活性污泥一起进入曝气池形成混合液，通过曝气设备充入空气，空气中的氧溶入污水使混合液产生好氧代谢反应，使混合液得到足够的搅拌而呈悬浮状态，然后流入沉淀池，混合液中的悬浮固体在沉淀池中沉淀下来和水分离，流出沉淀池的就是净化水。沉淀池中的污泥大部分回流，成为回流污泥。回流污泥的目的是使曝气池内保持一定的悬浮固体浓度，也就是保持一定的微生物浓度。

在 SBR 中，根据出水 BOD（或 COD）浓度的变化来调节控制反应（曝气）时间是最具

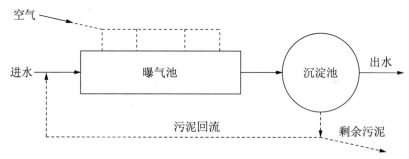

图 5-13　活性污泥法的基本流程

有保证的方法。国内外的学者曾采用氧化还原电位(ORP)、溶解氧(DO)、pH 或污泥浓度(MLSS)来间接控制污水处理过程，但这些单个的控制参数在动态的污水处理过程中仍未取得好的效果。单独使用氧化还原电位，有时由于污水性质或溶解氧的差异，特征点不明显，而且氧化还原电位过于敏感，小的误差会带来控制的不稳定；而单独使用溶解氧、pH 或污泥浓度则不能反映处理的整个过程(有机物、氮和磷的去除)。因此，必须联合作为控制参数才能做到高效节能，取得最满意的效果。

综合上述分析，可以选择 BOD、COD、N 和 P 作为软测量模型的主导变量，选择 ORP、DO、pH 和 MLSS 作为辅助变量。

利用人工神经网络的软测量技术，建立一个三层 BP 网络，如图 5-14 所示。它采用能够在线检测的 ORP、DO、pH 和 MLSS 作为系统输入信号，实现污水的 COD、BOD、N 和 P 等参数的软测量，从而估计进水水质，决定曝气量大小、反应时间，控制出水水质，实现对污水处理过程的实时控制。

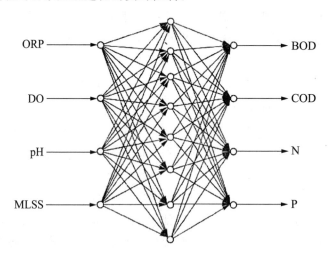

图 5-14　污水质量指标 BP 神经网络图

根据污水处理质量指标神经网络软测量的要求，对实际污水处理运行过程的一些分析仪表得到的实验数据进行处理，可以得到反映污水处理质量指标复杂关系的实验数据，将其作为 BP 神经网络的训练数据，对神经网络进行训练。训练好的 BP 神经网络作为软测量仪表，能够实时估计污水的 COD、BOD、N、P 等参数，能有效地解决污水处理质量的实时估计问题。

基于 BP 神经网络的污水处理软测量系统，能够实现污水的 COD、BOD、N、P 等参数的实时测量，估计处理的污水的水质，从而决定曝气量大小、反应时间，控制出水水质，实现各种活性污泥法过程的实时反馈控制，提高污水处理系统的可靠性并节约能耗，具有重要的理论意义和应用价值。

5.4 Hopfield 神经网络

1982 年和 1984 年，美国加州理工学院生物物理学家霍普菲尔德先后提出离散型 Hopfield 神经网络和连续型 Hopfield 神经网络，引入"计算能量函数"的概念，给出了网络稳定性判据，尤其是给出了 Hopfield 神经网络的电子电路实现方法，为神经计算机的研究奠定了基础，同时开拓了神经网络用于联想记忆和优化计算的新途径，从而有力地推动了神经网络的研究。这两种模型是目前最重要的神经优化计算模型。

5.4.1 离散型 Hopfield 神经网络

Hopfield 神经网络(HNN)是全互联反馈神经网络，它的每一个神经元都和其他神经元相连接。

具有 N 个神经元的离散型 Hopfield 神经网络，可由一个 $N \times N$ 阶矩阵 $w = [w_{ij}]_{N \times N}$ 和一个 N 维行向量 $\boldsymbol{\theta} = [\theta_1, \theta_2, \cdots, \theta_N]^T$ 所唯一确定，记为 $HNN = (\boldsymbol{w}, \boldsymbol{\theta})$，其中，$w_{ij}$ 为从第 j 个神经元的输出到第 i 个神经元的输入之间的连接权值，表示神经元 i 与 j 的连接强度，且 $w_{ji} = w_{ij}$，$w_{ii} = 0$；θ_i 表示神经元 i 的阈值。若用 $v_i(k)$ 表示 k 时刻神经元所处的状态，那么神经元 i 的状态随时间变化的规律(又称演化律)为二值硬限器(binary hard limiters)：

$$v_i(k+1) = \begin{cases} 1, & u_i(k) \geqslant 0, \\ 0, & u_i(k) < 0. \end{cases} \tag{5.12}$$

或者为双极硬限器：

$$v_i(k+1) = \begin{cases} 1, & u_i(k) \geqslant 0, \\ -1, & u_i(k) < 0. \end{cases} \tag{5.13}$$

式中

$$u_i(k) = \sum_{\substack{j=1 \\ j \neq i}}^{n} w_{ij} v_j(k) - \theta_i \quad (1 \leqslant i \leqslant N). \tag{5.14}$$

Hopfield 神经网络可以是同步工作方式，也可以是异步工作方式，即神经元更新既可以同步(并行)进行，也可以异步(串行)进行。在同步进行时，神经网络中所有神经元的更新同时进行。在异步进行时，在同一时刻只有一个神经元更新，而且这个神经元在网络中每个神经元都更新之前不会再次更新。在异步更新时，神经元的更新顺序可以是随机的。

Hopfield 神经网络中的神经元相互作用，不断演化。如果神经网络在演化过程中，从某一时刻开始，神经网络中的所有神经元的状态不再改变，则称该神经网络是稳定的。

Hopfield 神经网络是高维非线性动力学系统，可能有若干个稳定状态。从任一初始状态开始运动，总可以达到某个稳定状态。这些稳定状态可以通过改变各个神经元之间的连接权值得到。

稳定性是 Hopfield 神经网络最重要的特性。下面分析 Hopfield 神经网络的稳定性。

Hopfield 神经网络是一个多输入、多输出、带阈值的二态非线性动力学系统，所以，类似于李雅普诺夫稳定性分析方法，在 Hopfield 神经网络中，也可以构造一种 Lyapunov 函数，在满足一定的参数条件下，该函数值在网络运行过程中不断降低，最后趋于稳定的平衡状态。Hopfield 引入这种能量函数作为网络计算求解的工具，因此，常常称它为计算能量函数。

离散型 Hopfield 神经网络的计算能量函数定义为

$$E = -\frac{1}{2} \sum_{i=1}^{N} \sum_{\substack{j=1 \\ j \neq i}}^{N} w_{ij} v_i v_j + \sum_{i=1}^{N} \theta_i v_i \text{。} \tag{5.15}$$

式中，v_i，v_j 是各个神经元的输出。

下面考查第 m 个神经元的输出变化前后，计算能量函数 E 值的变化。设 $v_m = 0$ 时的计算能量函数值为 E_1，则

$$E_1 = -\frac{1}{2} \sum_{i=1}^{N} \sum_{\substack{j=1 \\ j \neq i}}^{N} w_{ij} v_i v_j + \sum_{i=1}^{N} \theta_i v_i \text{。} \tag{5.16}$$

将 $i = m$ 项分离出来，并注意到 $v_m = 0$。

$$E_1 = -\frac{1}{2} \sum_{\substack{i=1 \\ i \neq m}}^{N} \sum_{\substack{j=1 \\ j \neq i}}^{N} w_{ij} v_i v_j + \sum_{\substack{i=1 \\ i \neq m}}^{N} \theta_i v_i \tag{5.17}$$

类似地，当 $v_m = 1$ 时的计算能量函数值为 E_2，则有

$$E_2 = -\frac{1}{2} \sum_{\substack{i=1 \\ i \neq m}}^{N} \sum_{\substack{j=1 \\ j \neq i}}^{N} w_{ij} v_i v_j + \sum_{\substack{i=1 \\ i \neq m}}^{N} \theta_i v_i - \sum_{\substack{j=1 \\ j \neq m}}^{N} w_{mj} v_j + \theta_m \text{。} \tag{5.18}$$

当神经元状态由 0 变为 1 时，计算能量函数 E 值的变化量 ΔE 为

$$\Delta E = E_2 - E_1 = -\left(\sum_{\substack{j=1 \\ j \neq m}}^{N} w_{mj} v_j - \theta_m \right) \text{。} \tag{5.19}$$

由于此时神经元的输出由 0 变为 1，因此满足神经元兴奋条件，即

$$\sum_{\substack{j=1 \\ j \neq m}}^{N} w_{mj} v_j - \theta_m > 0 。 \tag{5.20}$$

由式(5.19)，得 $\Delta E < 0$。

当神经元状态由 1 变为 0 时，计算能量函数 E 值的变化量 ΔE 为

$$\Delta E = E_1 - E_2 = \sum_{\substack{j=1 \\ j \neq m}}^{N} w_{mj} v_j - \theta_m 。 \tag{5.21}$$

由于此时神经元的输出由 1 变为 0，因此

$$\sum_{\substack{j=1 \\ j \neq m}}^{N} w_{mj} v_j - \theta_m < 0, \tag{5.22}$$

也得 $\Delta E < 0$。

综上所述，神经元状态变化时总有 $\Delta E < 0$，这表明神经网络在运行过程中能量将不断降低，最后趋于稳定的平衡状态。

关于离散型 Hopfield 神经网络的稳定性，早在 1983 年就由科恩与葛劳斯伯格给出了稳定性的证明。霍普菲尔德等人又进一步证明，只要连接权值构成的矩阵是非负对角元的对称矩阵，该网络就具有串行稳定性；若该矩阵为非负定矩阵，则该网络就具有并行稳定性。

5.4.2 连续型 Hopfield 神经网络

离散型 Hopfield 神经网络中的神经元与生物神经元的差别较大，因为生物神经元的输入与输出是连续的，而且生物神经元存在时滞。1984 年，霍普菲尔德又提出一种连续时间神经网络模型，在这种网络中，神经元的状态可以取 0~1 的任一实数值。

连续型 Hopfield 神经网络的电子线路实现如图 5-15 所示。

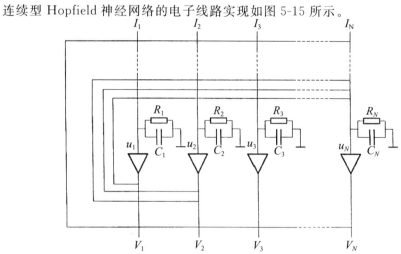

图 5-15 连续型 Hopfield 神经网络的电子线路

其中，每一个神经元由电阻 R_i 和电容 C_i，以及具有饱和非线性特性的运算放大器模拟，输出 V_i 同时还反馈至其他神经元，但不反馈自身。U_i 表示神经元 i 的膜电位状态，V_i 表示它的输出，C_i 表示细胞膜输入电容，R_i 表示细胞膜的传递电阻，电阻 R_i 和电容 C_i 并联模拟了生物神经元输出的时间常数，而输出 V_i 对 $U_j(j=1, 2, \cdots, N)$ 的影响则模拟了神经元之间互连的突触特性，运算放大器模拟神经元的非线性特性。

由基尔霍夫电流定律得，连续型 Hopfield 神经网络动力学系统方程为

$$\frac{1}{R_i}u_i + C_i\frac{\mathrm{d}u_i}{\mathrm{d}t} = I_i + \sum_{j=1}^{N}w_{ij}v_j,$$

$$v_i = f(u_i) = \frac{1}{1+e^{\frac{2u_i}{u_0}}} \quad (i=1,2,\cdots,N). \tag{5.23}$$

式中，I_i 为施加在第 i 个神经元上的偏置电流，表示系统外部的输入；$w_{ij} = 1/R_{ij}$ 模拟神经元 j 与 i 之间互连的突触特性；$f(u_i)$ 是放大器的非线性饱和特性，近似于 S 型函数。

连续型 Hopfield 神经网络模型在简化了生物神经元性质的同时，重点突出了以下重要特性：

①神经元作为一个输入输出变换场所，其传输具有 S 特性。

②细胞膜具有时空整合作用。

③神经元之间存在大量的兴奋和抑制性连接，这种连接主要是通过反馈来实现的。

④具有既代表产生动作电位的神经元，又代表按渐近方式工作的神经元的能力。

因此，连续型 Hopfield 神经网络准确地保留了生物神经网络的动态和非线性特征，有助于理解大量神经元之间的协同作用是怎样产生巨大的计算能力的。

连续型 Hopfield 神经网络的计算能量函数 $E(t)$ 定义为

$$E(t) = -\frac{1}{2}\sum_{i=1}^{N}\sum_{j=1}^{N}w_{ij}v_i(t)v_j(t) - \sum_{i=1}^{N}v_i(t)I_i + \sum_{i=1}^{N}\frac{1}{R_i}\int_0^{v_i(t)}f^{-1}(v)\mathrm{d}v. \tag{5.24}$$

定理 5.1 对于连续型 Hopfield 神经网络，若 $f^{-1}(v)$ 为单调递增的连续函数，$C_i>0$，$w_{ij}=w_{ji}$，则 $\mathrm{d}E(t)/\mathrm{d}t \leqslant 0$；当且仅当 $\mathrm{d}v_i(t)/\mathrm{d}t=0$，$0 \leqslant i \leqslant N$ 时，$\mathrm{d}E(t)/\mathrm{d}t=0$。

定理 5.1 表明，Hopfield 神经网络的能量函数的值随着时间的推移总是在不断地减小，神经网络趋于某一平衡状态，平衡点就是 $E(t)$ 的极小值点，反之亦然。这说明 Hopfield 神经网络的演变过程就是在 $[0, 1]^N$ 空间内寻找极小值稳定点（吸引子）的过程，并在达到这些点后稳定下来。因此，这种神经网络同样具有自动求极小值的计算功能。

无论是离散型 Hopfield 神经网络，还是连续型 Hopfield 神经网络，虽然理论上都能够收敛到极值点，但一般都不能收敛到最优点。

5.4.3 Hopfield 神经网络的应用

1. Hopfield 神经网络在联想记忆中的应用

如果将网络的一个稳态作为一个记忆样本，那么以后当给这个网络一个适当的激

励时，网络能够收敛到和输入模式最为相似的样本模式。初态朝稳态的收敛过程便是寻找记忆样本的过程。初态可以认为是给定样本的部分信息，网络改变的过程可以认为是从部分信息找到全部信息，从而实现了联想记忆的功能。

Hopfield 神经网络联想记忆过程，就是非线性动力学系统朝某个稳定状态运行的过程。这就需要调整连接权值，使得所要记忆的样本作为 Hopfield 神经网络的能量局部极小点。Hopfield 神经网络联想记忆过程分为学习和联想两个阶段。在给定样本的条件下，调整连接权值，使得存储的样本成为 Hopfield 神经网络的稳定状态，这就是学习阶段。联想是指在已经调整好权值不变的情况下，给出部分不全或者受了干扰的信息，按照动力学规则改变神经元的状态，使神经网络最终变到某个稳定状态。

实现 Hopfield 神经网络联想记忆的关键是网络到达记忆样本能量函数极小点时，决定网络的神经元间连接权值 w_{ij} 和阈值 θ_i 等参数。下面介绍按照赫布学习规则设计 Hopfield 神经网络的连接权值。

设给定 m 个样本 $x^{(k)}(k=1, 2, \cdots, m)$，$x_i^{|k|}$ 表示第 k 个样本中的第 i 个元素。记 w_{ij} 是神经元 i 到神经元 j 的权值。

当神经元输出 $x_i \in \{-1, +1\}$ 时，

$$w_{ij} = \begin{cases} \sum_{k=1}^{m} x_i^{(k)} x_j^{(k)}, & i \neq j, \\ 0, & i = j. \end{cases} \tag{5.25}$$

或者

$$w_{ij}(k) = w_{ij}(k-1) + x_i^{(k)} x_j^{(k)} \quad (k=1, 2, \cdots, m), \tag{5.26}$$
$$w_{ij}(0) = 0, \ w_{ii} = 0.$$

当神经元输出 $x_i \in \{0, 1\}$ 时，

$$w_{ij} = \begin{cases} \sum_{k=1}^{m} (2x_i^{(k)} - 1)(2x_j^{(k)} - 1), & i \neq j, \\ 0, & i = j. \end{cases} \tag{5.27}$$

或者

$$w_{ij}(k) = w_{ij}(k-1) + (2x_i^{(k)} - 1)(2x_j^{(k)} - 1) \quad (k = 1, 2, \cdots, m), \tag{5.28}$$
$$w_{ij}(0) = 0, w_{ii} = 0.$$

显然，按照上面公式设计的网络连接权值满足对称条件。可以证明，按照上面公式设计网络连接权值时，Hopfield 神经网络的稳定状态是给定样本。

依据上述算法的联想记忆功能，可用于模式识别。但当样本多且彼此相近时，容易引起混淆。在网络结构与参数一定的条件下，要保证联想功能的正确实现，网络所能存储的最大的样本数，称为网络的记忆容量。网络的记忆容量不仅与神经元个数有关，还与连接权值的设计、要求的联想范围大小、样本的性质等有关。当网络要求存储的样本模式是两两正交时，可以有最大的记忆容量。

例 5.2 设计基于 Hopfield 神经网络的分类器。

当人看见苹果和橘子的时候，虽然和以前见过的不完全一样，但通过自联想能力仍然能够识别。利用 Hopfield 神经网络的联想特性，能够设计苹果和橘子的分类器，如图 5-16 所示。输送带将苹果和橘子传送给外形、质地、质量 3 个传感器检测，Hopfield 神经网络根据传感器检测结果识别，如果识别结果是苹果则执行器就将这个苹果放进苹果筐，否则放进橘子筐。

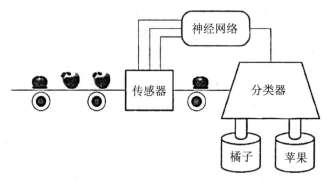

图 5-16 基于 Hopfield 神经网络的分类器

传感器检测结果为 1 或者 0，其意义如表 5-1 所示。

表 5-1 分类特征编码

传感器 ＼ 检测结果	1	0
外形	圆	椭圆
质地	光滑	粗糙
质量	<300 g	>300 g

三个传感器输出表示为[外形，质地，质量]，则标准橘子表示为：$x^{(1)} = [1, 0, 1]^T$。标准苹果表示为：$x^{(2)} = [0, 1, 0]^T$。

(1)设计 DHNN 结构

设计有 3 个神经元的 Hopfield 神经网络如图 5-17 所示。3 个神经元的阈值都为 0。

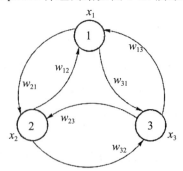

图 5-17 3 个神经元的 Hopfield 神经网络

（2）设计连接权矩阵

$$w_{ij} = \begin{cases} \sum_{k=1}^{m}(2x_i^{(k)}-1)(2x_j^{(k)}-1), i \neq j, \\ 0, \qquad\qquad\qquad\qquad i = j. \end{cases}$$

$w_{ij} = w_{ji}(i = 1,2,\cdots,n \quad j = 1,2,\cdots,n)$。

$w_{12} = (2 \times 1 - 1) \times (2 \times 0 - 1) + (2 \times 0 - 1) \times (2 \times 1 - 1) = -1 - 1 = -2$。

$w_{12} = w_{21} = -2$。

$w_{23} = (2 \times 0 - 1) \times (2 \times 1 - 1) + (2 \times 1 - 1) \times (2 \times 0 - 1) = -1 - 1 = -2$。

$w_{32} = w_{23} = -2$。

$$\mathbf{W} = \begin{bmatrix} 0 & -2 & 2 \\ -2 & 0 & -2 \\ 2 & -2 & 0 \end{bmatrix}。$$

（3）测试

测试用例：$[1，1，1]^T$。取初始状态：$v_1(0)=1$，$v_2(0)=1$，$v_3(0)=1$。神经元状态调整次序取为：2→1→3。当 $k=1$ 时，

$$v_2(1) = f\left(\sum_{j=1}^{3}w_{2j}v_j(0)\right) = f((-2)\times1+0\times1+(-2)\times1) = f(-4) = 0。$$

$$v_1(2) = f\left(\sum_{j=1}^{3}w_{1j}v_j(1)\right) = f(0\times1+(-2)\times0+2\times1) = f(2) = 1。$$

神经元状态调整为：$v_1(1)=1$，$v_2(1)=0$，$v_3(1)=1$。当 $k=2$ 时，

$v_1(1) = v_1(0) = 1$，$v_3(1) = v_3(0) = 1$，$v_2(2) = v_2(1) = 0$，$v_3(2) = v_3(1) = 1$。

神经状态调整为：$v_1(2)=1$，$v_2(2)=0$，$v_3(2)=1$。

类似地，有 $v_1(3)=1$，$v_2(3)=0$，$v_3(3)=1$。

可见，输入 $[1，1，1]^T$，输出 $[1，0，1]^T$。

2. Hopfield 神经网络优化方法

如果将网络的稳态作为一个优化问题的目标函数的极小点，那么初态朝稳态的收敛过程便是优化计算的过程。该优化计算是在网络演化过程中自动完成的。

1985 年，霍普菲尔德和塔克应用神经网络方法求解旅行商问题（Traveling Salesman Problem，TSP），这一著名的组合优化难题成功破解，引起了世界各国学者的广泛关注。他们的工作不仅对研究神经网络理论具有重要意义，也为组合优化问题求解开辟了新的途径。

（1）基本思想

无论是离散型 Hopfield 神经网络模型还是连续型 Hopfield 神经网络模型，能量函数都表征了网络的动力学演化过程，并揭示了该演化过程与网络稳定状态之间的内在联系。因此，Hopfield 能量函数极小化过程表示了神经网络从初始状态到稳定状态的演化过程。通常，约束优化问题的求解过程实际上就是目标函数的极小化过程，选择

合适的能量函数使其最小值对应于问题的最优解。因此，目标函数达到局部极小或者全局最小，相应的解为约束优化问题的局部最优解或者全局最优解。如果将目标函数与能量函数相联系，并通过能量函数将约束优化问题的解映射到神经网络的一个稳定状态上去，那么，就可以利用神经网络的演化过程来实现优化计算。这就是应用神经网络解决优化问题的基本思想。

用神经网络方法求解优化问题的关键是如何把待求解的优化问题映射为一个神经网络。一般可以将求解的组合优化问题的每一个可行解用换位矩阵（Permutation Matrix）表示。

另一个关键问题是构造能量函数，使其最小值对应于问题的最优解。它决定了一个特定问题是否能够用神经网络方法求解。目前还没有直接将约束优化问题映射为神经网络的方法，通常采用优化理论中的拉格朗日函数和乘子法，即利用优化问题的目标函数和约束条件构造相应的能量函数。一般使用在计算能量函数 E 中添加一些违反约束条件的惩罚项的简单方法，用罚函数法写出求解优化问题的能量函数，即

$$E = \sum_{i=1}^{m} C_i E_i + C_0 E_0。 \tag{5.29}$$

式中，E_i 是违背约束条件的惩罚函数；E_0 是优化的目标函数；C_i 和 C_0 为平衡 E_i 和 E_0 在总能量函数中的作用的比例常数，且如果最小化 E_0，则 $C_0 > 0$；如果最大化 E_0，则 $C_0 < 0$。

显然，神经网络和能量函数的形式不是唯一的，如何设计出更好的映射方法及其能量函数构造方法是一个重要的课题。

（2）一般步骤

基于上述基本思想，用神经网络方法求解优化问题的一般步骤如下。

①将求解的优化问题的每一个可行解用换位矩阵表示。

②将换位矩阵与由 n 个神经元构成的神经网络相对应：每一个可行解所对应的换位矩阵的各元素与相应的神经元稳态输出相对应。

③构造能量函数，使其最小值对应于优化问题的最优解，并满足约束条件。

④用罚函数法构造目标函数，与 Hopfield 神经网络的计算能量函数表达式相等，确定各连接权 w_{ij} 和偏置参数 I_i 等。

⑤给定网络初始状态和网络参数 A，B，C，D 等，使网络（可以是计算机模拟）按动态方程运行，直到达到稳定状态，并将它解释为优化问题的解。

Hopfield 神经网络模型与初始状态有关。例如在 TSP 问题中，原则上可选 $v_{xi}^0 = 1/n$ 为每个神经元的初始值，因为它满足 $\sum_x \sum_i v_{xi}^0 = n$。但由于相同长度的等价路径有 $2n$ 条，系统无法从中抉择，所以要加一定的噪声值（$\pm 0.1 v_{xi}^0$）来打破这种平衡。

当在计算机上实现上述演化时，需要离散化。此时 Δt 的选择很重要，Δt 太大可能导致离散后的算法与原连续算法有很大差异，甚至不收敛；Δt 太小则迭代次数太多，

计算时间长。可以证明，只要 Δt 选取得合理，上述算法一定收敛。如果不加其他条件，收敛到的解不一定对应有效的访问路径，可能是不可行解。有些人在理论上对此进行了分析，提出了一些改进方法。这些方法的缺点是使权系数的表达式复杂化，降低了收敛速度。

鉴于神经网络动力学性质的复杂性，神经网络优化计算方面仍有许多问题需要进一步深入研究。目前存在的主要问题有：

①计算结果的不稳定性。

②系数 A，B，C，D 的确定。

③能量函数存在大量局部极小值，求解结果不能保证为最优解。

（3）Hopfield 神经网络优化方法求解 TSP

旅行商问题或者邮递员路径问题：有 n 个城市，其相互间的距离，或者旅行成本为已知，求合理的路线使每个城市都访问一次，且总路径（或者总成本）最短（或者最小）。

TSP 是由一个名叫卡尔·门格的数学家、经济学家在 19 世纪 20 年代首先提出来的，但直到 20 世纪 40 年代一个名叫梅里·弗勒德的人开始和公司的同事们讨论后，TSP 才开始普及起来。那时人们对组合问题特别感兴趣。数学家们非常喜欢研究 TSP，这是因为 TSP 描述起来很简单，但要解决却是非常困难的。当城市数目不断增加时，求解问题所需要的计算量呈指数级增长。TSP 现在仍然被广泛用作新的组合优化方法的测试问题。

对于 TSP，一条访问路径可以用一个换位矩阵表示。以 5 个城市为例，如表 5-2 所示，用换位矩阵表示访问 5 个城市的路径顺序为 $C_3 \rightarrow C_1 \rightarrow C_5 \rightarrow C_2 \rightarrow C_4 \rightarrow C_3$，其路径总长度为

$$l = d_{c_3 c_1} + d_{c_1 c_5} + d_{c_5 c_2} + d_{c_2 c_4} + d_{c_4 c_3 \circ}$$

表 5-2 用换位矩阵表示访问次序

	1	2	3	4	5
C_1	0	1	0	0	0
C_2	0	0	0	1	0
C_3	1	0	0	0	0
C_4	0	0	0	0	1
C_5	0	0	1	0	0

如果下标 x，y 表示城市，i 表示第 i 次访问，则路径长度可以表示为下列一般形式：

$$l = \frac{1}{2} \sum_x \sum_{y \neq x} \sum_i d_{xy} v_{xi} v_{y,i+1} + \frac{1}{2} \sum_x \sum_{y \neq x} \sum_i d_{xy} v_{xi} v_{y,i-1} \tag{5.30}$$

$$= \frac{1}{2} \sum_x \sum_{y \neq x} \sum_i d_{xy} v_{xi} (v_{y,i+1} + v_{y,i-1})_\circ$$

式中，d_{xy} 表示城市 x，y 之间的距离；v_{xi} 表示换位矩阵中的第 x 行第 i 列的元素，其值为 1 时表示第 i 步访问城市 x，其值为 0 时表示第 i 步不访问城市 x。

在表 5-2 中，各行各列只能有一个元素为 1，其余都是 0，否则它表示一条无效的路径。每列中只有一个元素为 1，表示每次只访问一个城市，可以表示为

$$\sum_x v_{xi} = 1, \forall i。 \tag{5.31}$$

每行中只有一个元素为 1，表示每个城市必须且只能访问一次，可以表示为

$$\sum_i v_{xi} = 1, \forall x。 \tag{5.32}$$

综合上述讨论，TSP 可以表示为如下优化问题：

$$\min l = \frac{1}{2} \sum_x \sum_{y \neq x} \sum_i d_{xy} v_{xi} (v_{y,i+1} + v_{y,i-1})。$$

$$st. \left\| \begin{array}{l} \sum_x v_{xi} = 1, \forall i (每个城市必须访问一次)，\\ \sum_i v_{xi} = 1, \forall x (每个城市只能访问一次)。 \end{array} \right. \tag{5.33}$$

用罚函数法，将上述约束优化问题表示为下列无约束优化问题：

$$J = \frac{A}{2} \sum_x \sum_i \sum_{j \neq i} v_{xi} v_{xj} + \frac{B}{2} \sum_i \sum_x \sum_{y \neq x} v_{xi} v_{yi} + \frac{C}{2} \left(\sum_x \sum_i v_{xi} - n \right)^2 +$$

$$\frac{D}{2} \sum_x \sum_{y \neq x} \sum_i d_{xy} v_{xi} (v_{y,i+1} + v_{y,i-1})。 \tag{5.34}$$

令式(5.34)与 Hopfield 神经网络的计算能量函数相等，比较同一变量两端的系数，可得第 x 行第 i 列位置上的神经元与第 y 行第 j 列位置上的神经元之间的连接权值为

$$W_{xi,yj} = -A\delta_{xy}(1-\delta_{ij}) - B\delta_{ij}(1-\delta_{xy}) - C - Dd_{xy}(\delta_{j,i+1} + \delta_{j,i-1})，$$

$$I_{xi} = Cn。 \tag{5.35}$$

式中

$$\delta_{ij} = \begin{cases} 1, i = j, \\ 0, 其他。 \end{cases}$$

Hopfield 神经网络的动态方程

$$\frac{\mathrm{d}u_{xi}}{\mathrm{d}t} = -\frac{u_{xi}}{\tau} - \frac{\partial E}{\partial v_{xi}}$$

$$= -\frac{u_{xi}}{\tau} - A\sum_{j \neq i} v_{xj} - B\sum_{y \neq x} v_{yi} - C\left(\sum_x \sum_i v_{xi} - n\right) - D\sum_{y \neq x} d_{xy}(v_{y,i+1} + v_{y,i-1})。$$

$$v_{xi} = f(u_{xi}) = \frac{1}{2}\left[1 + \tan h\left(\frac{u_{xi}}{u_0}\right)\right]。 \tag{5.36}$$

求解上式，直到收敛，可以得到神经网络的稳态解。在演化过程中，有些神经元的输出 v_{xi} 逐渐增大到 1，而有些神经元的输出 v_{xi} 逐渐减小到 0，最后收敛到稳定状态，所以，神经元输出 0 或者 1。

5.5 深度学习

进入 21 世纪以来，人类在机器学习领域虽然取得了一些突破性的进展，但在寻找最优的特征表达过程中往往需要付出巨大的代价，这也成为一个抑制机器学习效率进一步提升的重要障碍。效率需求在图像识别、语音识别、自然语言处理、机器人学和其他机器学习领域中表现得尤为明显。

深度学习算法不仅在机器学习中比较高效，而且在近年来的云计算、大数据并行处理研究中，其处理能力已在某些识别任务上达到了几乎和人类相媲美的水平。

本节主要讨论深度学习算法，着重介绍深度学习的定义、特点，并结合实例介绍深度学习算法的主要模型。

5.5.1 深度学习的定义与特点

深度学习是机器学习研究的一个新方向，源于对人工神经网络的进一步研究，通常采用包含多个隐含层的深层神经网络结构。

1. 深度学习的定义

深度学习算法是一类基于生物学对人脑进一步认识，将神经—中枢—大脑的工作原理设计成一个不断迭代、不断抽象的过程，以便得到最优数据特征表示的机器学习算法。该算法从原始信号开始，先做低层抽象，然后逐渐向高层抽象迭代，由此组成深度学习算法的基本框架。

2. 深度学习的一般特点

一般来说，深度学习算法具有如下特点。

(1)使用多重非线性变换对数据进行多层抽象

该类算法采用级联模式的多层非线性处理单元来组织特征提取以及特征转换。在这种级联模型中，后继层的数据输入由其前一层的输出数据充当。按学习类型，该类算法又可归为有监督学习，如分类；无监督学习，如模式分析。

(2)以寻求更适合的概念表示方法为目标

这类算法通过建立更好的模型来学习数据表示方法。对于学习所用的概念特征值或者说数据的表示，一般采用多层结构进行组织，这也是该类算法的一个特色。高层的特征值由低层特征值通过推演、归纳得到，由此组成了一个层次分明的数据特征或者抽象概念的表示结构；在这种特征值的层次结构中，每一层的特征数据对应着相关整体知识或者概念在不同程度或层次上的抽象。

(3)形成一类具有代表性的特征表示学习方法

在大规模无标识的数据背景下，一个观测值可以使用多种方式来表示，如一幅图像、人脸识别数据、面部表情数据等，而某些特定的表示方法可以让机器学习算法学习起来更加容易。所以，深度学习算法的研究也可以看作在概念表示基础上，对更广泛的机器学习方法的研究。深度学习的一个很突出的前景便是它使用无监督的或者半监督的特征学习方法，加上层次性的特征提取策略，来替代过去手工方式的特征提取。

3. 深度学习的优点

深度学习具有如下优点。

①采用非线性处理单元组成的多层结构，使得概念提取可以由简单到复杂。

②每一层中非线性处理单元的构成方式取决于要解决的问题；同时，每一层学习模式可以按需求调整为有监督学习或无监督学习。这样的架构非常灵活，有利于根据实际需要调整学习策略，从而提高学习效率。

③学习无标签数据优势明显。不少深度学习算法通常采用无监督学习形式来处理其他算法很难处理的无标签数据。现实生活中，无标签数据比有标签数据更普遍存在。因此，深度学习算法在这方面的突出表现，更凸显出其实用价值。

5.5.2 深度学习基础及神经网络

深度学习与人工智能的分布式表示和传统人工神经网络模型有十分密切的关系。

1. 深度学习与分布式表示

分布式表示是深度学习的基础，其前提是假定观测值由不同因子相互作用。深度学习采用多重抽象的学习模型，进一步假定上述的相互作用关系可细分为多个层次：从低层次的概念学习得到高层次的概念，概念抽象的程度直接反映在层次数目和每一层的规模上。贪婪算法常被用来逐层构建该类层次结构，并从中选取有助于机器学习更有效的特征。

2. 深度学习与人工神经网络

人工神经网络受生物学发现的启发，其网络模型被设计为不同节点之间的分层模型。训练过程是通过调整网络参数和每一层中的权重，使得网络输入特征数据时，其输出的网络计算结果与已有的样本观测结果一致或者说误差达到可容忍的程度。这样的网络常被称为"训练好"的；对于还没有发生的结果，自然没有样本观测数据，但此时人们往往希望提前知道这些结果的分布规律。此刻，若将合法数据输入"训练好"的网络，网络的输出就有理由被认为是"可信的"，或者说，与将要发生的真实结果之间误差会很小，从而实现了"预测"功能。类似地，也可以实现网络对数据的"分类"功能。许多成功的深度学习方法都涉及了人工神经网络，所以，不少研究者认为深度学习就是传统人工神经网络的一种发展和延伸。

2006 年，加拿大多伦多大学杰弗里·欣顿提出了以下两个观点。

①多隐含层的人工神经网络具有非常突出的特征学习能力。如果用机器学习算法得到的特征来刻画数据，可以更加深层次地描述数据的本质特征，在可视化或分类应用中非常有效。

②深度神经网络在训练上存在一定难度，但这些可以通过"逐层预训练"（layer-wise pre-training）来有效克服。

这些思想促进了机器学习的发展，开启了深度学习在学术界和工业界的研究与应用热潮。

5.5.3 深度学习的常用模型

实际应用中，用于深度学习的层次结构通常由人工神经网络和复杂的概念公式集合组成。在某些情形下，也采用一些适用于深度生成模式的隐性变量方法。例如，深度信念网络、深度玻耳兹曼机等。目前已有多种深度学习框架，如深度神经网络、卷积神经网络和深度概念网络。

深度神经网络是一种具备至少一个隐含层的神经网络。与浅层神经网络类似，深度神经网络也能够为复杂非线性系统提供建模，但多出的层次为模型提供了更高的抽象层次，因而提高了模型的能力。此外，深度神经网络通常都是前馈神经网络。常见的深度学习模型包含以下几类。

1. 自动编码器（Auto Encoder，AE）

自动编码器是一种尽可能复现输入信号的神经网络，是欣顿等人继基于逐层贪婪无监督训练算法的深度信念网后提出来的又一种深度学习算法模型。自动编码器的基本单元有编码器和解码器。编码器是将输入映射到隐含层的映射函数，解码器是将隐含层表示映射回对输入的一个重构。

设定自编码网络一个训练样本 $x = \{x^1, \cdots, x^t\}$，编码激活函数和解码激活函数分别为 S_f 和 S_g，

$$f_\theta(x) = S_f(b + W_x),$$
$$g_\theta(h) = S_g(d + W^T h)。 \tag{5.37}$$

其训练机制就是通过最小化训练样本 D_n 的重构误差来得到参数 θ，也就是最小化目标

$$J_{AE}(\theta) = \sum_{x \in D_n} L(x', g(f(x')))。 \tag{5.38}$$

其中，$\theta = \{W, b, W^T, d\}$；$b$ 和 d 分别是编码器和解码器的偏置向量，W 和 W^T 是编码器和解码器的权重矩阵，S 为 Sigmoid 函数。对于具有多个隐含层的非线性自编码网络，如果初始权重选得好，运用梯度下降法可以达到很好的训练结果。基于此，欣顿和萨拉赫丁诺夫提出了用受限玻耳兹曼机（Restricted Boltzmann Machine，RBM）网络来得到自编码网络的初始权值。但正如前面所述，一个 RBM 网络只含有一个隐含层，其对连续数据的建模效果并不是很理想。引入多个 RBM 网络形成一个连续随机再生模型。自编码系统的网络结构如图 5-18 所示。其预训练阶段就是逐层学习这些 RBM 网络，预训练过后，这些 RBM 网络就被"打开"形成一个深度自编码网络。然后利用反向传播算法进行微调，得到最终的权重矩阵。

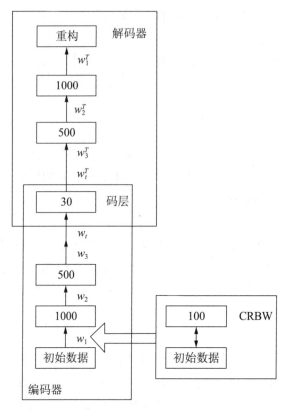

图 5-18　自编码系统的网络结构

实际上，自编码网络也可以看作由编码部分和解码部分构成。编码部分对输入进行降维，即将原始高维连续的数据降到具有一定维数的低维结构上，解码部分则将低维上的点还原成高维连续数据。编码部分与解码部分之间的交叉部分是整个连续自编码网络的核心，能够反映具有嵌套结构的高维连续数据集的本质规律，并确定高维连续数据集的本质维数。

自动编码器的一个典型应用就是用来对数据进行降维。随着计算机技术、多媒体技术的发展，在实际应用中经常会碰到高维数据，这些高维数据通常包含许多冗余，其本质维数往往比原始的数据维数要小得多，因此要通过相关的降维方法减少一些不太相关的数据而降低它的维数，然后用低维数据的处理办法进行处理。传统的降维方法可以分为线性和非线性两类。线性降维方法，如主成分分析法（PCA）、独立分量分析法（ICA）和因子分析法（FA），在高维数据集具有线性结构和高斯分布时能有较好的分析效果。但当数据集在高维空间呈现高度扭曲时，这些方法则难以发现嵌入在数据集中的非线性结构以及恢复内在的结构。自编码机作为一种典型的非线性降维方法，在图像重构、丢失数据的恢复等领域中得到了广泛应用。

2. 受限玻耳兹曼机

受限玻耳兹曼机是一类可通过输入数据集学习概率分布的随机生成神经网络，是一种玻耳兹曼机的变体，但限定模型必须为二分图。如图 5-19 所示，模型中包含可视层，对应输入参数，用于表示观测数据；隐含层，可视为一组特征提取器，对应训练结果，该层被训练发觉在可视层表现出来的高阶数据相关性；每条边必须分别连接一个可视单元和一个隐含层单元，为两层之间的连接权值。受限玻耳兹曼机大量应用在降维、分类、协同过滤、特征学习和主题建模等方面。根据任务的不同，受限玻耳兹曼机可以使用监督学习或无监督学习的方法进行训练。

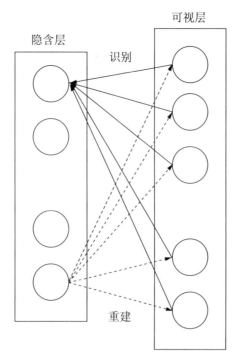

图 5-19　受限玻尔兹曼机

训练 RBM，目的就是要获得最优的权值矩阵，最常用的方法是最初由欣顿在训练"专家乘积"中提出的，被称为对比分歧算法。对比分歧提供了一种最大似然的近似，被理想地用于学习 RBM 的权值训练。该算法在梯度下降的过程中使用吉布斯采样完成对权重的更新，与训练前馈神经网络中使用反向传播算法类似。

针对一个样本的单步对比分歧算法步骤可总结如下。

步骤 1：取一个训练样本，计算隐含层节点的概率，在此基础上从这一概率分布中获取一个隐含层节点激活向量的样本。

步骤 2：计算和的外积，称为"正梯度"。

步骤 3：从获取一个重构的可视层节点的激活向量样本，此后从再次获得一个隐含层节点的激活向量样本。

步骤 4：计算和的外积，称为"负梯度"。

步骤 5：使用正梯度和负梯度的差，以一定的学习率更新权值。

类似地，该方法也可以用来调整偏置参数和。

深度玻耳兹曼机(Deep Boltzmann Machine，DBM)就是把隐含层的层数增加，可以看作多个 RBM 堆砌，并可使用梯度下降法和反向传播算法进行优化。

3. 深度信念网络

深度信念网络(Deep Belief Networks，DBN)是一个贝叶斯概率生成模型，由多层随机隐变量组成，其结构如图 5-20 所示。上面的两层具有无向对称连接，下面的层得到来自上一层的自顶向下的有向连接，底层单元构成可视层。也可以这样理解，深度信念网络就是在靠近可视层的部分使用贝叶斯信念网络(有向图模型)，并在最远离可见层的部分使用受限玻耳兹曼机的复合结构，也常常被视为多层简单学习模型组合而成的复合模型。

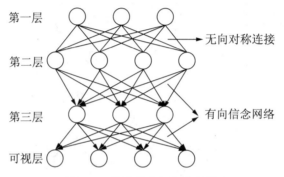

图 5-20　深度信念网络结构图

深度信念网络可以作为深度神经网络的预训练部分，并为网络提供初始权重，再使用反向传播或者其他判定算法作为调优的手段。这在训练数据较为缺乏时很有价值，因为不恰当的初始化权重会显著影响最终模型的性能，而预训练获得的权重在权值空间中比随机权重更接近最优的权重。这不仅提升了模型的性能，也加快了调优阶段的收敛速度。

深度信念网络中的内部层都是典型的 RBM，可以使用高效的无监督逐层训练方法进行训练。当单层 RBM 被训练完毕后，另一层 RBM 可被堆叠在已经训练完成的 RBM 上，形成一个多层模型。每次堆叠时，原有的多层网络输入层被初始化为训练样本，权重为先前训练得到的权重，该网络的输出作为后续 RBM 的输入，新的 RBM 重复先前的单层训练过程，整个过程可以持续进行，直到达到某个期望中的终止条件。

尽管对比分歧是对最大似然的近似十分粗略，即对比分歧并不在任何函数的梯度方向上，但经验结果证实该方法是训练深度结构的一种有效的方法。

4. 卷积神经网络

卷积神经网络(CNN)在本质上是一种输入到输出的映射。1984 年，日本学者福岛基于感受野概念提出神经认知机，这是卷积神经网络的第一个实现网络，也是感受野概念在人工神经网络领域的首次应用。受视觉系统结构的启示，当具有相同参数的神经元应用前一层的不同位置时，就可以获取一种变换不变性特征。研究者根据这个思想，利用方向传播算法设计并训练了 CNN。CNN 是一种特殊的深层神经网络模型，其特殊性主要体现在两个方面：一是它的神经元间的连接是非全连接的；二是同一层中神经元之间的连接采用权值共享的方式。其学习过程如图 5-21 所示。其中，输入到 C_1、S_4 到 C_5、C_5 到输出是全连接，C_1 到 S_2、C_3 到 S_4 是一一对应的连接，S_2 到 C_3 为了消除网络对称性，去掉了一部分连接，可以让特征映射更具多样性。需要注意的是，C_3 卷积核的尺寸要和 S_4 的输出相同，只有这样才能保证输出是一维向量。

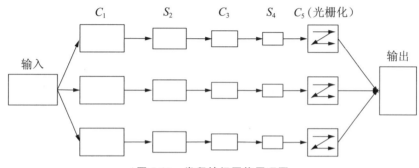

图 5-21　卷积神经网络原理图

　　CNN 的基本结构包括两层，即特征提取层和特征映射层。特征提取层中，每个神经元的输入与前一层的局部接受域相连，并提取该局部的特征。一旦该局部特征被提取后，它与其他特征间的位置关系也随之确定下来；每一个特征提取层后都紧跟着一个计算层，对局部特征求加权平均值与二次提取，这种特有的两次特征提取结构使网络对平移、比例缩放、倾斜或者其他形式的变形具有高度不变性。计算层由多个特征映射组成，每个特征映射是一个平面，平面上采用权值共享技术，大大减少了网络的训练参数，使神经网络的结构变得更简单，适应性更强。另外，图像可以直接作为网络的输入，因此它需要的预处理工作非常少，避免了传统识别算法中复杂的特征提取和数据重建过程。特征映射结构采用影响函数核小的 Sigmoid 函数作为卷积网络的激活函数，使得特征映射具有位移不变性。

　　在很多情况下，有标签的数据是很稀少的，但正如前面所述，作为神经网络的一个典型，卷积神经网络也存在局部性、层次深等深度网络具有的特点。卷积神经网络的结构使得其处理过的数据中有较强的局部性和位移不变性。兰扎托等人将卷积神经网络和逐层贪婪无监督学习算法相结合，提出了一种无监督的层次特征提取方法。此方法用于图像特征提取时效果明显。基于此，CNN 被广泛应用于人脸检测、文献识别、手写字体识别、语音检测等领域。

　　CNN 也存在一些不足之处，如由于网络的参数较多，导致训练速度慢，计算成本高。如何有效提高 CNN 的收敛速度成为今后的一个研究方向。另外，研究卷积神经网络的每一层特征之间的关系对于优化网络的结构有很大帮助。

5.5.4　深度学习应用简介

深度学习已在计算机视觉、语音识别、自然语言处理等领域取得良好的应用效果。

截至 2011 年，前馈神经网络深度学习中的最新方法是交替使用卷积层（convolutional layers）和最大缓冲层（max-pooling layers）并加入单纯的分类层作为顶端，训练过程无须引入无监督的预训练。从 2011 年起，这一方法的图形处理器（Graphics Processing Unit，GPU）多次赢得了各类模式识别竞赛的胜利。已有科研成果表明，深度学习算法在某些识别任务上几乎或者已经表现出达到与人类相匹敌的水平。

2012 年，《纽约时报》介绍了一个项目——谷歌大脑（Google Brain），引起了人们的广泛关注。该项目用 16000 个 CPU 核心组成的并行计算平台，训练一种称为"深度神经网络"的机器学习模型。新模型没有像以往的模型那样人为设定"抽象概念"边界，而是直接把海量数据投放到算法中，让系统自动从数据中学习，从而"领悟"事物的多项特征，并在语音识别和图像识别等领域获得了巨大的成功。同年 11 月，微软在中国天津的一次活动上公开演示了一个全自动的同声传译系统，讲演者用英文演讲，后台的计算机自动完成语音识别、英汉机器翻译和汉语语音合成等过程，整个过程非常流畅，其采用的核心技术正是深度学习算法。

2014 年 1 月，汤晓鸥研究团队发布了一个包含 4 个卷积及池化层的 DeepID 深度学习模型，该模型在户外脸部检测数据库（Labeled Faces in the Wild，LFW）上取得了当时最高 97.45% 的识别率。同年 6 月，该模型改进后在 LFW 数据库上获得了 99.15% 的识别率，比人眼识别更加精准。另外值得指出的是，美国斯坦福大学的计算机科学家为模拟人类的识别系统建立了目前世界上最大的图像识别数据库 ImageNet，这是当下计算机视觉领域最受关注的挑战型项目，已经成为衡量深度学习技术发展的重要指标。大量研究表明，利用深度模型在竞赛中学习得到的特征可以被广泛应用到其他数据集和各种计算机视觉问题中；而由 ImageNet 训练得到的深度学习模型，更是推动计算机视觉领域发展的强大引擎。

2016 年，人工智能学界最轰动的事件莫过于 Google 开发的人工智能机器人阿尔法狗与世界顶级围棋职业选手李世石的人机对决。这次对决引起棋界内外，横跨体育、科技界的全球关注，其影响甚至辐射到资本市场。阿尔法狗的主要工作原理是"深度学习"，其软件总体上由两个神经网络（相当于人类的两个大脑）构成，第一个大脑策略网络（Policy Network）的作用是在当前局面下判断下一步可以在哪里落子。它有两种学习模式：一个是简单模式，通过观察 KGS（一个国际上的围棋对弈服务器）上的对局数据来训练。简而言之，可以理解为让第一个大脑学习"定式"，即在一个给定的局面下人类一般会怎么走，这种学习不涉及对优劣的判断。另一个是自我强化学习模式，它通过自己和自己的海量对局的最终胜负来学习评价每一步走子的优劣。因为是自我对局，数据量可以无限增长。第二个大脑估值网络（Value Network）的作用是学习评估整体盘面的优劣。它也是通过海量自我对局来训练的。在对弈时，这两个大脑是这样协同工作的：第一个大脑的简单模式会判断出在当前局面下有哪些走法值得考虑。同时第一个大脑的复杂模式则通过蒙特卡洛树来展开各种走法，即所谓的"算棋"，以判断每种走法的优劣。在这个计算过程中，第二个大脑会协助第一个大脑通过判断局面来砍掉大量不值得深入考虑的分叉树，从而大大提高计算效率。与此同时，第二个大脑根据下一步棋导致的新局面的优劣也能给出关于下一步棋的建议。最终，两个大脑的建议被平均加权，阿尔法狗据此做出最终的决定。这次世纪大战，阿尔法狗以 4∶1 的比分获得最终胜利。

2018 年，深度强化学习最引人注目的是 DeepMind 在《科学》上公开发表了 Alpha-Zero完整论文，并登上其期刊封面，AlphaZero 是 AlphaGo 和 AlphaGo Zero 的进化版本，依靠基于深度神经网络的通用强化学习算法和通用树搜索算法，已经学会了三种不同的复杂棋类游戏，并且可能学会任何一种完美信息博弈的游戏。在国际象棋中，AlphaZero 训练 4 小时后超越了世界冠军程序 Stockfish；在日本将棋中，AlphaZero 训练 2 小时后超越了世界冠军程序 Elmo；在围棋中，AlphaZero 训练 30 小时后超越了与李世石对战的 AlphaGo。《科学》期刊评价称："AlphaZero 能够解决多个复杂问题的单一算法，是创建通用机器学习系统、解决实际问题的重要一步。"同年，历时两年开发完成的 Alpha 家族另一成员 AlphaFold 也被公开，它能根据基因序列来预测蛋白质的3D 结构，并在有着"蛋白质结构预测奥运会"美誉的蛋白质结构预测的关键性评价(Critical Assessment of Protein Structure Prediction，CASP)比赛中夺冠，被誉为"证明人工智能研究驱动、加速科学进展的重要里程碑"和"生物学的核心挑战之一上取得了重大进展"。AlphaFold 使用两种不同的方法来构建完整的蛋白质结构预测，这两种方法均依赖深度强化学习技术：第一种方法基于结构生物学中常用的技术，用新的蛋白质片段反复替换蛋白质结构的片段，其训练了一个生成神经网络来发明新的片段，用来不断提高蛋白质结构的评分；第二种方法通过梯度下降法优化得分，可以进行微小的、增量的改进，从而得到高精度的结构。

2019 年，灵巧机器人诞生——机器正在通过自我学习学会应对这个现实世界。位于旧金山的非营利组织 OpenAI 就推出了这样一套 AI 系统 Dactyl，并可成功操控一个机器手灵活地翻转一块魔方。人工智能助手现在可以执行基于对话的任务，如预订餐厅或协调行李托运，而不仅仅是服从简单命令。微型人工智能的发展使设备无须与云端交互就能实现智能化操作，有望使医学影像分析、自动驾驶汽车等新应用成为可能，还有利于保护隐私。7 月 11 日，卡耐基梅隆大学宣布，该校和 Facebook 公司合作开发的 Pluribus 人工智能系统，在六人桌德州扑克比赛中击败多名世界顶尖选手，成为机器在多人游戏中战胜人类的一个里程碑。9 月，加拿大多伦多大学和一家人工智能药物研发公司——因西利科医药公司通过合成人工智能算法，发现多种候选药物。

2020 年 3 月，DeepMind 宣布构建了一个名为 Agent57 的智能体，在所有 57 款经典的雅达利（Atari 2600）游戏中，全面超越人类。这项工作的引人注目之处在于，Agent57已经实现了跨越式发展，成为众所周知的"通用"人工智能体。研究人员在DeepMind 的 Agent57 网页上写道："最终目标不是开发擅长游戏的系统，而是将游戏作为开发系统的垫脚石，让系统学会在各种挑战中脱颖而出。"4月，Google 教四足机器狗 Laikago 通过模仿真狗来学习新的技巧。Google 的研究人员正在利用模仿学习来教自主机器人如何以更灵活的方式进行变速、旋转和移动。简单地说，模仿是对一个动作的观察，然后重复它。到目前为止，很难在人工智能中重现。

5.6 本章小结

本章从生物神经细胞入手，首先引入了人工神经元模型，介绍了其数学模型与表达式，在人工神经元模型的基础上介绍了感知器，并给出了人工神经网络的定义、特点、结构。其次，本章着重介绍最基本、最典型、应用最广泛的 BP 神经网络和Hopfield 神经网络及其在模式识别、联想记忆、软测量、智能计算、组合优化问题求解等方面的应用。最后，在人工神经网络的基础上，本章介绍了深度学习的定义、特点、基础及其与神经网络的关系，给出了自动编码器、受限玻耳兹曼机和深度信念网络等常见的深度学习模型，并列举了近些年深度学习在计算机视觉、语音识别、自然语言处理等领域的良好的应用实例。

▸▸ 思考题

(1)为什么说人工神经网络是一个非线性系统？如果 BP 神经网络中所有节点都为线性函数，那么，BP 神经网络还是一个非线性系统吗？

(2)BP 学习算法是什么类型的学习算法？它主要有哪些不足？

(3)Hopfield 神经网络与 BP 神经网络结构有什么区别？

(4)理论上来讲，一个三层的 BP 神经网络就可以逼近一个任意给定的连续函数 f，为什么还需要多层的神经网络？

(5)查阅相关文献资料，设想一下未来十年人工神经网络的发展。未来的人工神经网络将会怎样改变我们的生活？

(6)深度学习技术为什么会在今天取得如此大的成功？

第 6 章　智能识别

人工智能研究的内在驱动力源于人类渴望自身的感官、思维、行为乃至心理等因素能够被机器模拟、复制，甚至超越，以达到创造出具有智能的机器为人类服务的目的，同时在此基础上研究、理解人类智能的本质。听觉、视觉、自然语言是人类自身个体与外界交互的三个最重要的功能。听觉和视觉是接受外界信息的感官"输入"，自然语言是人类智能的思维"输出"。人工智能技术对三者的研究，每一项都是一个巨大而有着深远意义的科学工程。现今大数据和人工智能的结合，更加促进了三者的研究和发展，目前已经对应形成了智能语音、计算机视觉、自然语言处理 3 个最重要的人工智能研究领域。本章将分别在相应的技术原理、发展历程、研究方向和技术应用等几个方面对三者进行介绍。

6.1　智能语音

6.1.1　智能语音技术概述

语音是指人类通过发音器官发出来的、具有一定意义的、目的是用来进行社会交际的声音。其物理基础主要有音高、音强、音长、音色 4 个要素。语音信号是人类进行交流的主要途径之一，语音处理涉及许多学科，包括声学、语音学、心理学、信息论、统计学等，同时与信号处理、统计分析、模式识别等现代技术手段密切相关，目前已发展成为一门新的学科方向。语音处理不仅在通信、国防、工业、金融等领域有着广阔的应用前景，而且正在逐渐渗透人们生活的方方面面。比如，在智能交通、智能家居、公共安全、个人消费娱乐等领域目前应用十分广泛，智能语音的应用大大提升了人机交互体验。

智能语音技术主要包括语音识别技术、语音合成技术和声纹识别技术。智能语音技术是最早落地的人工智能技术，也是市场上众多人工智能产品中应用最为广泛的技术。本节分别对语音识别、语音合成、声纹识别 3 项技术进行介绍。

6.1.2　语音识别

1. 语音识别基本原理

语音识别技术是把人所发出的语音中的词汇内容转换为计算机可读入的文本。在实际应用中，语音识别通常与自然语言理解、自然语言生成以及语音合成等技术相结合，提供一个基于语音的自然流畅的人机交互系统。

语音识别技术的研究始于 20 世纪 50 年代初期。1952 年，贝尔实验室研制出世界上第一个能识别十个英文数字的识别系统。20 世纪 60 年代，基于动态时间规整的模板匹配方法是最具代表性的研究成果，该方法有效解决了特定说话人孤立词语音识别中语速不均和不等长匹配的问题。20 世纪 80 年代开始，以隐马尔可夫模型（Hidden Markov Model，HMM)方法为代表的基于统计模型方法逐渐在语音识别研究中占据了主导地位。隐马尔可夫模型能够很好地描述语音信号的短时平稳特性，并且将声学、语言学、句法等知识集成到统一框架中。此后，隐马尔可夫模型的研究和应用逐渐成了主流。第一个非特定人连续语音识别系统是当时在卡耐基梅隆大学读书的李开复研发的 SPHINX 系统，其核心框架就是混合高斯模型—隐马尔可夫模型（GMM-HMM)框架，其中混合高斯模型（Gaussian Mixture Model，GMM)用来对语音的观察概率进行建模，HMM 则对语音的时序进行建模。2010 年后，随着深度神经网络应用的兴起，语音识别技术获得了重大突破。2011 年，微软的俞栋等人将深度神经网络成功应用于语音识别任务中，在公共数据上词错误率相对降低了 30％。

近年来，随着人工智能的兴起，语音识别技术在理论和应用方面都取得大突破，开始从实验室走向市场，已逐渐走进我们的日常生活。现在语音识别已应用于许多领域，主要包括语音识别听写器、语音寻呼和答疑平台、自主广告平台、智能客服等。

语音识别系统主要包括 5 个部分：语音分帧、特征提取、声学模型、语言模型、解码搜索。语音识别系统的典型框架如图 6-1 所示。

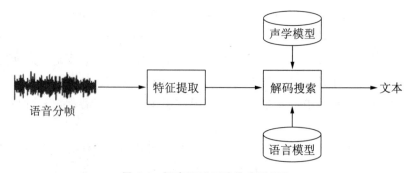

图 6-1　语音识别系统的典型框架

2. 语音的加窗分帧

语音信号处理要达到的分析的目标，就是弄清楚语音中各个频率成分的分布，这可以使用数学工具里的傅立叶变换实现。傅立叶变换要求输入信号是平稳的，变换后才有现实意义。语音在宏观上来看是不平稳的，即人发的语音长时间看是突变剧烈的，但是从微观上来看，在比较短的时间内语音信号可以看成是平稳的，这是语音信号要分帧处理的原因。考虑到语音的短时平稳特性，语音信号在前端信号处理时要进行分帧的操作。

帧长要满足两个条件：从宏观上看，它必须足够短来保证帧内信号是平稳的。即在一帧的期间内口型不能有明显变化而使语音信号巨变，或者说一帧的长度应当小于一个音素的长度。正常语速下，音素的持续时间是 $50 \sim 200$ ms，所以帧长一般要小于 50 ms。从微观上来看，它又必须包括足够多的振动周期，因为傅立叶变换是要分析频率的，只有重复足够多次才能做频率分析。语音的基频，男声在 100 Hz 左右，女声在 200 Hz 左右，换算成周期就是 10 ms 和 5 ms。既然一帧要包含多个周期，所以取至少 20 ms，因此帧长一般取 $20 \sim 50$ ms。

取出来的一帧信号在做傅立叶变换前需要先进行加窗操作，如图 6-2 所示，这样使一帧信号的幅度在两端渐变为 0，目的是提高傅立叶变换后频谱的分辨率。加窗的代价是一帧信号两端的部分被削弱了而丢失部分信息。弥补的办法是，分帧时不要背靠背地截取，而是相互重叠一部分。相邻两帧的起始位置的时间差叫作帧移，常见的取法是取为帧长的一半，或者固定取为 10 ms。

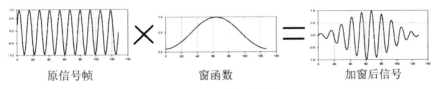

原信号帧　　　　　窗函数　　　　　加窗后信号

图 6-2　语音帧加窗操作

因此，语音信号的前期需要先进行加窗分帧，后续的识别操作都按此加窗分帧后的帧序来处理。加窗分帧示意图如图 6-3 所示。

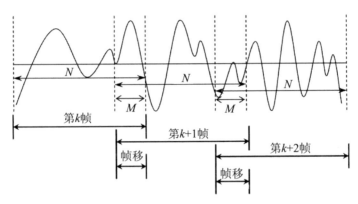

图 6-3　语音帧加窗分帧示意图

3. 特征提取

语音识别的难点之一在于语音信号的复杂性和多变性。一段看似简单的语音信号，其中包含了说话人、发音内容、信道特征、方言口音等大量信息，这些信息相互组合在一起又表达了情绪变化、语法语义、暗示内涵等更为丰富的信息。在众多信息中，仅有少量的信息与语音识别相关，这些信息被掩盖在大量信息中，因此充满了复杂性，语音特征提取在原始语音信号中提取出与语音识别最相关的信息。比较常用的声学特征有 3 种，即梅尔频率倒谱系数特征、梅尔标度滤波器组特征和感知线性预测倒谱系数特征。梅尔频率倒谱系数特征是指根据人耳听觉特征计算梅尔频率倒谱系数获得的参数。梅尔标度滤波器组特征与梅尔频率倒谱系统特征不同，它保留了特征维度间的相关性。感知线性预测倒谱系数在提取过程中利用了人的听觉机理对人声建模。

4. 语音识别的声学模型

声学模型承载着声学特征与建模单元之间的映射关系，在训练声学模型之前需要选取建模单元。建模单元可以是音素、音节、词语等，其单元粒度依次增加。若采用词语作为建模单元，每个词语的长度不等，从而导致声学建模缺少灵活性；此外，由于词语的粒度较大，很难充分训练基于词语的模型，因此一般不采用词语作为建模单元。相比之下，词语中包含的音素是确定且有限的，利用大量的训练数据可以充分训练基于音素的模型，因此目前大多数声学模型一般采用音素作为建模单元。语音中存在协同发音的现象，即音素是上下文相关的，故一般采用三音素进行声学建模。由于三音素的数量庞大，若训练数据有限，那么部分音素可能会存在训练不充分的问题。为了解决此问题，既往研究提出采用决策树对三音素进行聚类以减少三音素的数目。图 6-4 所示为基于音素的传统 SAR 流程。

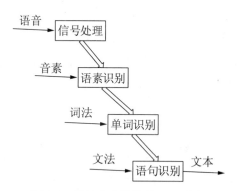

图 6-4 基于音素的传统 SAR 流程

比较经典的声学模型可以分为两种：基于混合高斯模型—隐马尔可夫模型的模型（GMM-HMM）和基于深度神经网络—隐马尔可夫模型的模型（DNN-HMM）。

(1)基于混合高斯模型—隐马尔可夫模型的模型

①隐马尔可夫模型。

隐马尔可夫模型是马尔可夫链的一种，作为一种统计分析模型，它的状态不能直接观察到，但能通过观测向量序列观察到，每个观测向量都是通过某些概率密度分布表现为各种状态，每一个观测向量是由一个具有相应概率密度分布的状态序列产生。所以，隐马尔可夫模型是一个双重随机过程，即具有一定状态数的隐马尔可夫链和显示随机函数集。隐马尔可夫模型创立于20世纪70年代，80年代得到了传播和发展，成为信号处理的一个重要方向，现已成功地用于语音识别、行为识别、文字识别以及故障诊断等领域。

对语音识别系统，输出值通常就是从各个帧计算而得的声学特征。用隐马尔可夫模型刻画语音信号需做出两个假设，一是内部状态的转移只与上一状态有关，二是输出值只与当前状态(或当前的状态转移)有关。这两个假设大大降低了模型的复杂度。

语音识别系统中使用隐马尔可夫模型通常是用从左向右单向、带自环、带跨越的拓扑结构来对识别基元建模，一个音素就是一个三至五状态的隐马尔可夫模型，一个词就是构成词的多个音素的隐马尔可夫模型串行起来构成的隐马尔可夫模型，而连续语音识别的整个模型就是词和静音组合起来的隐马尔可夫模型。

②混合高斯模型—隐马尔可夫模型。

在语音识别中，最通用的算法是基于混合高斯模型的隐马尔可夫模型。它描述了两个相互依赖的随机过程，一个是可观察的过程，另一个是隐藏的马尔可夫过程。观察序列被假设是由每一个隐藏状态根据混合高斯分布所生成的。在语音建模中，GMM-HMM中的一个状态，通常与语音中的一个音素的子段关联。

隐马尔可夫模型的参数主要包括状态间的转移概率以及每个状态的先验概率密度函数，即出现概率，一般用混合高斯模型表示。在图6-5中，最上方为输入语音的语谱图，将语音第一帧代入一个状态进行计算，得到出现概率；同样的方法计算每一帧的出现概率，图中用圆点表示。圆点间有转移概率，据此可计算最优路径(图中黑色箭头)，该路径对应的概率值总和即为输入语音经隐马尔可夫模型得到的概率值。如果为每一个音节训练一个隐马尔可夫模型，语音只需要代入每个音节的模型中算一遍，哪个得到的概率最高即判定为相应音节，这是传统的语音识别方法。

出现概率采用混合高斯模型，优点是模型小、训练速度快、易于移植到嵌入式平台，缺点是没有利用帧的上下文信息，缺乏深层非线性特征变化的内容。混合高斯模型代表的是一种概率密度，它的局限性在于不能完整模拟出或记住相同音的不同人间的音色差异变化或发音习惯变化。混合高斯模型用来估计观察特征(语音特征)的观测概率，隐马尔可夫模型则被用于描述语音信号的动态变化(状态间的转移概率)。该声学模型的框架图如图6-6所示。其中 S_k 代表音素状态，$a_{s_i s_j}$ 代表转移概率。

(2)基于深度神经网络—隐马尔可夫模型的模型

20世纪90年代中期，基于深度神经网络—隐马尔可夫模型的模型被提出，该混合模型是指深度神经网络替换上述模型的高斯混合模型，在大词汇连续语音识别系统中，被认为是一种非常有效的技术。在早期的研究中，通常使用上下文无关的音素状态作

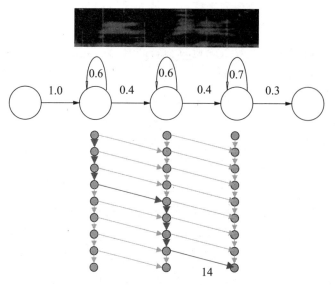

图 6-5　隐马尔可夫模型示意图

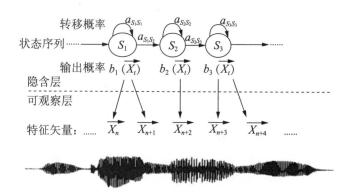

图 6-6　GMM-HMM 模型示意图

为神经网络训练的标注信息，并且只用于小词汇任务。随后被扩展到为上下文相关的音素建模，以及用于中型和大词表的自动语音识别任务。深度神经网络模型可以是深度循环神经网络和深度卷积网络等。该模型的建模单元为聚类后的三音素状态，其框架如图 6-7 所示。图 6-7 中神经网络用来估计观察特征（语音特征）的观察概率，隐马尔可夫模型被用来描述语音信号的动态变化（状态间的转移概率）。

2012 年，微软将前馈神经网络（Feed Forward Deep Neural Network，FFDNN）引入到声学模型建模中，将 FFDNN 的输出层概率用于替换之前 GMM-HMM 中使用 GMM 计算的输出概率，引领了 DNN-HMM 混合系统的风潮，很多研究者使用了 FFDNN、CNN、RNN 等多种网络结构对输出概率进行建模，并取得了很好的效果。

DNN 相比 GMM 的优势在于：一是使用 DNN 估计 HMM 的状态的后验概率分布不需要对语音数据分布进行假设；二是 DNN 的输入特征可以是多种特征的融合，包括离散的或者连续的；三是 DNN 可以充分利用相邻的语音帧所包含的结构信息。

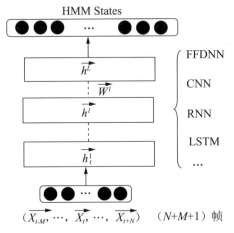

图 6-7 深度神经网络＋HMM 框架图

5. 语音识别的语言模型

(1)语言模型的必要性

声学模型是对声学、语音学、环境的变量、说话人性别、口音等的差异的知识表示，语言模型是对一组字序列构成的知识表示。然而语音信号具有时变性，且含噪声等其他一些不稳定因素，单纯靠声学模型识别(一种搜索过程)出的字序列很难组成有意义的、人容易理解的语句。因此，语言模型所起的作用是在识别系统的解码过程中从语言层面上限制搜索路径，提高准确率和效率。

早期的语音识别系统使用语法规则来得到语言模型。虽然这种方法在某些场景下效果不错，但是由于语言的语法复杂，导致语法文件中的语法规则会很多，并且需要人工编写，工作量太大，且不同语言间语法规则需要重写，模型不可通用。所以随后统计语言模型被提出，模型可以通过该语言的文本语料利用机器来训练得到该语言的语言模型，该方法的适应性很强，并成为当前主流的语言模型。

(2)基于统计语言模型的 N 元文法模型

在人类语言中，每一句话中的每个词之间有密切的联系，这些词层面的信息可以减少声学模型上的搜索范围，有效地提高识别的准确性，要完成这项任务，语言模型必不可少，它提供了语言中词之间的上下文信息以及语义信息。

统计语言模型是一种具有一定上下文相关特性的数学模型，本质上也是概率图模型的一种，并且广泛应用于机器翻译、语音识别、拼音输入、图像文字识别和搜索引擎等。

在很多任务中，计算机需要知道一个文字序列是否能构成一个大家理解、无错别字且有意义的句子。比如这句话："许多人可能不知道学好数学的重要性，而随着人工智能技术的发展，它的作用逐渐凸显出来。"这一句话很通顺，意思也很清楚，人们很容易就知道这句话在说什么。如果我们改变一些顺序："随着许多人重要性可能数学的发展，而不知道学好人工智能技术凸显出来，它的作用逐渐。"这样人就难以理解了。

至于为什么句子会是这样，从统计角度来看，第一个句子的出现概率大，第二个句子的出现概率小。如果 S 是一个有意义的句子，由一连串的词 w_1，w_2，…，w_n 构成（n 为句子长度），那么文本 S 成立的可能性，即概率 $P(S)$ 为第一个词出现的概率乘第二个词在第一个词出现的条件下出现的概率，再乘第三个词在前两个词出现的条件下出现的概率，一直到最后一个词。每一个词出现的概率，都与前面所有词有关，可以用如下公式表示：

$$P(S) = P(w_1, w_2, \cdots, w_n)$$
$$= P(w_1) \cdot P(w_2 \mid w_1) \cdot P(w_3 \mid w_1, w_2) \cdot \cdots \cdot P(w_n \mid w_1, w_2, \cdots, w_{n-1}) 。$$

$$(6.1)$$

但是当前面依赖的词数太多时，模型的产生和正向计算的计算量将非常大，且不同长度的句子中的各种词的排列组合数几乎是无限的。马尔可夫提出一种简化的有效算法，对每一个词出现的概率仅考虑与前一个即 $t-1$ 时刻的词有关，或者根据需要考虑与前两个词、前三个词有关，这样问题就简单多了。这就是数学上的马尔可夫假设。在实际使用中，通常考虑与前两个词有关就足够了，极少数情况下才考虑与前三个有关，这就是 N 元文法模型，其中的条件概率称为转移概率。二元文法模型下，概率可表示为如下形式：

$$P(S) = P(w_1, w_2, \cdots, w_n) = P(w_1) \cdot P(w_2 \mid w_1) \cdot P(w_3 \mid w_2) \cdot \cdots \cdot P(w_n \mid w_{n-1}) 。$$

$$(6.2)$$

除了 N 元文法模型外，近几年循环神经网络语言模型也被应用于语音识别，总体性能优于前者，但其训练比较耗时，且解码时识别速度慢，目前工业界仍然大量采用基于 N 元文法的语言模型。

语言模型的评价指标是语言模型在测试集上的困惑度，该值反映句子不确定性的程度。如果我们对于某件事情知道得越多，那么困惑度就越小，因此构建语言模型时，目标是寻找困惑度较小的模型，使其尽快逼近真实语言的分布。

6. 语音识别的解码搜索

解码搜索是自动语音识别系统的核心模块，其任务是对输入的语音信号，在由语句或者词序列构成的空间当中，按照一定的优化准则，并且根据声学模型、语言模型及词典，生成一个用于搜索的状态空间，在该状态空间中搜索到最优的状态序列，即寻找能够以最大概率输出该信号的句子或者词序列。

在大词汇量连续语音识别中的搜索算法可以按照搜索策略以及搜索空间扩展方式这两个方面进行分类。首先，按照搜索策略，搜索算法可以分为帧同步的宽度优先搜索，如帧同步 Viterbi 搜索算法；帧异步的深度优先搜索，如帧异步的堆栈搜索算法和 A^* 算法。另外，按照搜索空间扩展的方式可以分为在解码之前静态扩展搜索空间和在解码时动态扩展搜索空间。

7. 基于注意力机制的端到端的语音识别方法

传统语音识别系统中声学模型和语言模型相互独立训练，训练过程繁复，基于注意力机制的语音识别方法将声学模型、发音词典、语言模型联合为一个模型进行训练，实现了输入到输出的"端到端"(End-to-End)。端到端的模型是基于循环神经网络的编码—解码结构。其结构如图 6-8 所示。该结构中，编码器将不定长的输入序列映射为定长的特征序列，经过注意力机制提取编码特征序列中的有用信息后，解码器将该定长序列扩展成单元序列。

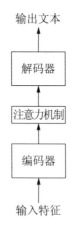

图 6-8　基于注意力机制的端到端的语音识别模型

6.1.3　语音合成

语音合成技术是将任意文本转换成语音的技术，是人与计算机语音交互必不可少的模块。如果说语音识别技术是让计算机学会"听"人的话，将输入的语音信号转换成文字，那么语音合成技术就是让计算机程序把我们输入的文字"说"出来，将任意输入的文本转换成语音输出。

如图 6-9 所示，一个典型的语音合成系统主要包括前端和后端两个部分。前端部分主要是对输入文本的分析，从输入的文本提取后端建模需要的信息。例如，分词(判断句子中的单词边界)，词性标注(名词、动词、形容词等)，韵律结构预测，多音字消歧等。后端的部分读入前端文本分析结果，并且对语音部分结合文本信息进行建模。在合成过程中，后端会利用输入的文本信息和训练好的声学模型，生成出语音信号进行输出。对于高自然度的合成系统，文本分析需要给出更详尽的语言学和语音学信息。因此，文本分析实际上是一个人工智能系统，属于自然语言理解的范畴。

声学处理是根据文本分析模块提供的信息来生成自然语言的波形。语音合成系统的合成阶段可以概括为 4 种方法。第一种是基于时域波形的拼接合成方法，第二种是基于语音参数的合成方法，第三种是基于波形的统计合成方法，第四种是基于注意力机制的端到端语言合成方法。

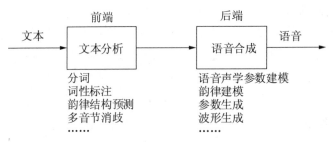

图 6-9   语音合成系统框图

1. 基于时域波形的拼接合成方法

基于时域波形的拼接合成方法基本原理是根据文本分析的结果,从预先录制并标注好的语音库中挑选合适基元进行适度调整,通过一些算法或者模型计算每个单元的目标代价和连接代价,最终拼接得到合成语音波形。基元是用于语音拼接的基本单元,可以是音节或音素等。拼接语音合成的优势在于,音质好,没有语音单元参数化的音质损失现象。但是在数据库小的情况下,由于有时挑选不到合适的语音单元,导致合成语音会有韵律、发音不够稳定,拼接不连续,难以改变发音特征等缺点。同时该方法需要的计算机存储空间大。

2. 基于语音参数的合成方法

语音参数合成系统基本原理是,在语音分析阶段,根据语音生成的特点,将语音波形通过声码器转换成频谱、基频、时长等语音或者韵律参数;在建模阶段,对语音参数进行建模;在语音合成阶段,通过声码器从预测出来的语音参数还原出时域语音信号。参数语音合成系统的优势是模型较小,模型参数调整方便(说话人转换、升降调等),而且对于不同发音人、不同发音风格甚至不同语种的依赖性很小,合成语音比较稳定。缺点是,合成语音音质由于经过参数化,和原始录音相比有一定的损失。该方法符合多样化语音合成方面的需求,在实际应用中发挥着重要作用。

3. 基于波形的统计合成方法

波形统计语音合成主要的单元是卷积神经网络。这种方法的特点是不会对语音信号进行参数化,而是用神经网络直接在时域预测合成语音波形的每一个采样点。优点是,音质比参数合成系统好,虽略差于拼接合成,但是比拼接合成系统更稳定。缺点是,由于预测每一个采样点需要很大的运算量,合成时间慢。基于波形的统计合成方法证明了语音信号可以在时域上进行预测,这一点以前没有方法做到。现阶段基于波形的统计合成方法是一个研究热点。

4. 基于注意力机制的端到端语音合成方法

传统语音合成流程复杂,比如统计参数语音合成系统中通常包含文本分析前端、时长模型、声学模型和基于复杂信号处理的解码器等模块,这些部分的设计需要不同领域的知识,需要大量精力来设计。研究者提出了一种端到端的文本生成语言的通用模型。该模型可以将文本直接合成语音,此方法被作者命名为 Tacotron 方法。结构如

图 6-10 所示，该框架主要是基于带有注意力机制的编码—解码模型。其中，编码器是一个以字符或者音素为输入的神经网络模型；解码器是一个带有注意力截止的循环申请网络，会输出对应文本序列或者音素的频谱图，从而生成语音。这种端到端语音合成方法合成语音的自然度和表现力已经能够媲美于人类说话的水平，并且不需要多阶段建模的过程，是当下热点和未来发展趋势。

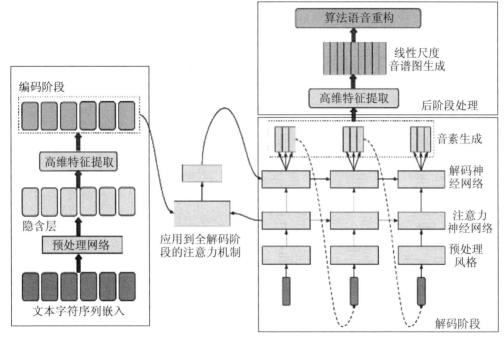

图 6-10　基于 Tacotron 的端到端的语音合成框架

6.1.4　语音识别和语音合成的应用

目前，以语音识别和语音合成为代表的智能语音技术在经济社会中应用场景持续扩展，已被广泛应用于工作和生活的各个方面，如教育、医疗、金融、机器人、客服、家居、安防、个人语音助手等领域。智能语音技术是人工智能的重要出入口，在整个产业链中起到了关键作用。图 6-11 到图 6-14 列举了几钟智能语音技术的应用场景。

图 6-11　车载语音导航应用示例

图 6-12　盲人语音导航应用示例

图 6-13　语音聊天和语音听书应用示例　　　图 6-14　智能音箱应用示例

　　根据统计数据显示，中国智能语音产业在未来的几年内将保持高速增长。在世界智能语音竞争市场格局中，中国科大讯飞和百度占据重要的竞争位置，分别提供了智能语音开发接口。有兴趣的读者可以尝试基于此进行二次开发。

6.1.5　声纹识别

1. 声纹识别的分类与流程

　　声纹识别和指纹识别、虹膜识别、人脸识别等一样，属于生物识别的一种，被认为是最自然的生物特征识别身份鉴定方式，也被称为说话人识别（Speaker Recognition）。声纹识别是一项提取说话人声音特征和说话内容信息，自动核验说话人身份的技术。适合生物识别的特征应该符合以下几个性质：通用性、独特性、恒定性、可收集性、准确性、高可采用性和低欺骗性。语音不仅具有上述性质，而且与其他生物测定技术比较，声纹具有获取自然、成本低廉、识别算法复杂度相对低的优势。

　　声纹识别按任务通常分为两类：说话人辨认（Speaker Identification）和说话人验证（Speaker Verification）。说话人辨认是指通过一段语音从注册的有限说话人集合中分辨出其身份的过程，是多选一的问题。说话人辨认系统的性能将随着说话人集合的规模增大而降低。说话人验证是指证实某一说话人是否与他所声称的身份一致的过程，系统只需给出接受或拒绝两种选择，是一对一辨别的问题。因此说话人验证系统的性能与说话人集合的规模无关。另外，与其他生物识别技术类似，若考虑待识别的说话人是否在注册的说话人集合内，则说话人辨认分为开集辨认和闭集辨认，即开集辨认比闭集辨认多一个确认过程。显而易见，闭集辨认的结果要好于开集辨认，但开集辨认更接近实际情况。

　　说话人识别方法按语音的内容可以分为与文本相关的（规定语音内容）、与文本无关的（不规定语音内容）、文本提示的（从大数据库中提示用户说一小段话，也可归为与文本相关的）。

　　语音具备短时平稳的良好性质，在 20～50 ms 的范围内，语音近似可以看作良好的周期信号，因此一般处理语音都是用 20～50 ms 分帧处理。声纹识别系统是一个典型的模式识别的框架，为了让计算机认识一个用户的身份，需要目标用户首先提供一段训练语音，这段语音经过特征提取和模型训练等一系列操作，会被映射为用户的声纹模型。在验证阶段，一个身份未知的语音也会经过一系列的操作被映射为测试特征。测试特征是会与目标模型进行某种相似度的计算后得到一个置信度的得分，这个得分通常会与我们人工设定的期望值进行比较。高于这个期望值，我们认为测试语音对应的身份与目标用户身份匹配，通过验证，反之则拒绝掉测试身份。因此，识别性能好坏的关键在于对语音中身份信息的建模能力与区分能力，同时对于身份无关的其余信息具有充分的抗干扰能力和鲁棒性。声纹识别（说话者辨认）系统结构图如图 6-15 所示。

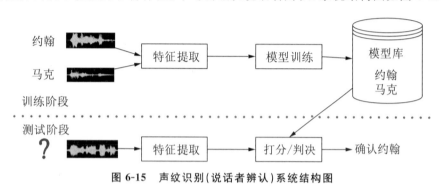

图 6-15　声纹识别（说话者辨认）系统结构图

2. 声纹识别的主要方法

（1）模板匹配法

模板匹配法在训练过程中从每个说话人的训练语句中提取出特征矢量，形成特征矢量序列。这些特征矢量能够充分描写各个说话人的行为。通过优化方法求取一个特征矢量集合表征特征矢量序列，将此集合作为参考模板。识别时，同样的方法提取特征矢量序列，按匹配规则跟所有参考模板比较。匹配往往通过特征矢量之间的距离测度来实现，累计距离为匹配结果。说话人识别中最常用的模板匹配方法有动态时间归整（DTW）方法和矢量量化（VQ）方法。

（2）概率模型法

从某人的一次或多次发音中提出有效特征矢量，根据统计特性为其建立相应的数学模型，使其能够有效地刻画出此说话人特征矢量在特征空间的分布规律。数学模型一般通过少量的模型参数来表示和存储。识别时，将测试语音的特征矢量与表征说话人的数学模型进行匹配，从概率统计角度，计算得到测试语音与模型间的相似度，并以此作为识别判决的依据。最常用的模型是隐马尔可夫模型和混合高斯模型。有限样本下这两种模型依然是重要的声纹识别方式。

（3）支持向量机方法

支持向量机方法是建立在统计学理论的 VC 维（Vapnik-Chervonenkis Dimension）理论和结构风险最小原理基础上的，根据有限的样本信息在模型的复杂性和学习能力之间寻求最佳折中，以期获得最好的推广能力。支持向量机是一种有坚实理论基础的小样本学习方法，基本上不涉及概率测度及大数定律等，因此避开了从归纳到演绎的传统过程，实现了高效的从训练样本到预报样本的"转导推理"。支持向量机的最终决策函数只由少数的支持向量所确定，计算的复杂性取决于支持向量的数目，而不是样本空间的维数，这在某种意义上避免了"维数灾难"。算法最终转化为二次型寻优问题，得到的是全局最优值，避免了神经网络中的局部极值问题。该算法的缺点是对大规模训练样本难以实施，解决多分类问题存在困难。

（4）人工神经网络方法

人工神经网络在某种程度上模拟了生物的感知特性，它是一种分布式并行处理结构的网络模型，系统可以用大量的简单处理单元并行连接而构成一种独具特点的复杂的信息处理网络。人工神经网络具有自组织、自学习的能力，可以随着经验的累积而改善自身的性能，这些特性对说话人识别系统的实现有很大的帮助，可以更好地提取语音样本中所包含的说话人的个性特征，基于神经网络可以实现端到端的声纹识别。近几年学界相继提出了多种结构的用于声纹识别的神经网络，其共同点是通过大量样本数据的训练降低损失函数（Loss Function）来达到寻找声纹特征分类的目的。随着计算机运算能力、存储能力等的提升，基于神经网络的声纹识别方法将越来越受到重视。

3. GMM-UBM 声纹识别方法

（1）GMM 声纹识别

数理统计的中心极限定理指出，当数据的采样足够多时，n 个采样的平均数的分布接近于一个高斯分布，该高斯分布的均值等于单个分布的均值，方差等于单个分布的方差除以 n，这意味着几乎所有的采样结果，只要 n 足够大，都可以用平均数的高斯分布去近似变量的分布。理论上多个高斯分布组成的混合高斯分布可以任意地逼近任何连续的概率密分布，因此说话人语音的特征可以用混合高斯分布描述。

对于声纹识别，一组 N 个说话人集合，用一系列 GMM 表示，即每个说话人 s_k 对应一个 GMM 参数 λ_k，$k=1$，2，…，N。声纹识别的目标是寻找一个说话人模型，使得给定说话人观测序列 $X=x_1$，x_2，…，x_t，…，x_T，（x_t 是下标为 t 的特征向量），在某个模型参数下的后验概率最大，该模型即为给定说话人观测序列得到的说话人模型。

假设帧间是相互独立的，预测模型（说话人模型）Spredicted 表示为：

$$S\text{predicted} = \text{argmax}_{k \in s} \sum_{i=1}^{T} \log[p(\boldsymbol{x}_t \mid \lambda_k)] \circ \qquad (6.3)$$

（2）GMM-UBM 声纹识别

① 为什么引入 UBM？

现实中，说话人的语音数据有限，或者说商用过程中，用户不愿意贡献足够的个人音频数据，则难以训练出高效的 GMM 模型。由于多通道问题，训练 GMM 模型的语音与测试语音存在跨信道情况，也会降低 GMM 声纹识别系统的性能，同时还有噪声干扰等影响，GMM 模型的鲁棒性欠佳。基于此，学界提出了通用背景模型（Universal Background Model，UBM），该方法先采集大量与说话人无关的语音，训练一个

UBM，然后使用少量说话人语音数据，通过自适应算法调整 UBM 的参数，得到目标说话人模型参数，即 GMM-UBM 模型。UBM 模型的本质也是一个大型的 GMM 模型。

原始 GMM 方法中，每个特定说话人的 GMM 都是单独训练的，这意味着每个说话人 GMM 模型中的参数（权重、均值、协方差）都要进行估计。在 GMM-UBM 中，GMM 由 UBM 获得，其中只有需要突变的 UBM 参数才会被调整，某种程度上，未突变的参数便可以看作不同说话人 GMM 的共享参数，这种方式大大减少了训练参数和训练时间。这种做法可以减少实际使用过程中的数据量、参数量，便于在移动终端快速训练收敛和解码计算。整个 GMM-UBM 系统训练及识别流程如图 6-16 所示。

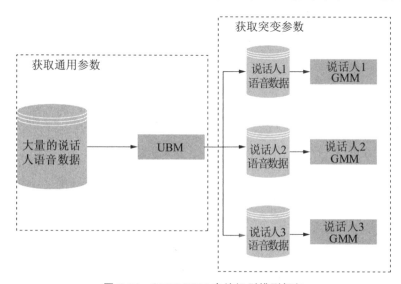

图 6-16　GMM-UBM 声纹识别模型框架

②参数突变。

UBM 的训练实际上就是 GMM 的训练。假设我们利用大量背景语音数据，使用 EM 算法训练好一个 UBM。接下来的重点在于，如何把 UBM 的参数通过参数突变得到目标说话人的 GMM 参数，如图 6-17 所示。

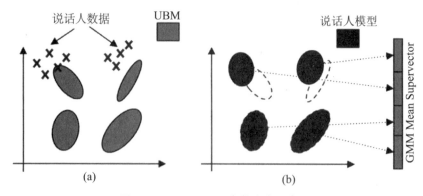

图 6-17　GMM-UBM 参数突变示意图

目前语音识别等技术中使用的参数调整方法主要分为以下两大类。

基于最大后验概率(Maximum A Posteriori, MAP)的算法:基本准则是后验概率最大化,利用贝叶斯学习理论,将 UBM 系统的先验信息与被识别人(目标说话人)的信息相结合实现自适应。

基于变换的方法:估计 UBM 系统模型与被识别人之间的变换关系,对 UBM 系统的模型或输入语音特征做变换,减少 UBM 系统与被识别人之间的差异。

4. 声纹识别性能评价

对于说话人辨认系统,其最重要的性能指标是正确识别率和错误识别率。在说话人验证系统中,常用的是错误拒绝率和错误接收率,前者是拒绝真实说话人而造成的错误,后者是接收假冒信息而造成的错误,二者与阈值的设定相关,使用场合不同,其要求的大小也不相同。

性能评价具有多种意义,主要是对研究思想的评价,还可以用来对不同的系统进行比较。性能评价应具有清楚和易于理解的特点。有时选用错误率要比选用正确率效果更好一些。比如,错误率从 10%减少到 5%表示系统性能提高显著,而用正确率从90%提高到 95%来表示同样的情况就没有那么直观了。

5. 声纹识别的挑战和趋势

声纹识别的唯一性特征非常好,但很多情况下现有的设备和技术仍然难以做出准确分辨,虽然深度学习方法在模式识别研究中取得了极大的成功,甚至还有开源的相关算法,但是声纹识别的研究进展仍然不大,其准确率受制于声纹的采集和特征的建立。从外部环境来看,首先,是特定环境下足够量的声纹数据库的建立比较困难;其次,不同的声音采集设备会造成声音不同程度地畸变或损伤;最后,录制环境的噪声、多人说话等因素也会增大被识别声音的提取难度。噪声和混响对各类模型和方法都有非常大的影响,使机器在嘈杂环境中很难分辨出某个人的声音,相对地,人耳却可以很好地处理这种嘈杂的"鸡尾酒会"效应。从内部因素考虑,被识别人因身体状况、不同境况下情绪的变化,也会造成同一个人的声纹特征差异较大。

语音作为语言的声音表现形式,不仅包含了语言语义信息,同时也传达了说话人语种、性别、年龄、情感、信道、嗓音、生理、心理等多种丰富的副语言语音属性信息。以上这些语言语音属性识别问题从整体来看,其核心都是针对不定时长文本无关的句子层面语音信号的有监督学习问题。近年来,声纹识别的研究趋势正在快速朝着深度学习的端到端方向发展。通过深度对抗学习提升噪声和扰动下的识别率,通过深度嵌入学习进行说话人识别和反欺骗检测等研究受到学术界和业界的重视。

6. 声纹识别的应用

声纹识别的应用范围很广,在人们生活的各个方面均有声纹识别的例子。

(1)公检法领域

①针对各种电话勒索、绑架、电话人身攻击等案件,声纹辨认技术可以在一段录

音中查找出嫌疑人或缩小侦察范围。

②在法庭上可以提供身份确认的旁证。

③在监狱亲情电话应用中，通过采集犯人家属的声纹信息，可有效鉴别家属身份的合法性。

④在司法社区矫正应用中，通过识别定位手机位置和呼叫对象说话声音的个人特征，系统就可以快速地自动判断被监控人是否在规定的时间出现在规定的场所，有效地解决人机分离问题。

（2）金融领域

鉴于密码的安全性不高，可以结合声纹识别技术对电话银行、远程炒股等业务中的用户身份进行进一步确认，如随机提示文本用文本相关的声纹识别技术进行身份确认，甚至可以把交易时的声音录下来以备查询。

（3）国防领域

①声纹辨认技术可以察觉电话交谈过程中是否有关键说话人出现，继而对交谈的内容进行跟踪（战场环境监听）。

②通过电话发出军事指令时，可以对发出命令的人的身份进行确认，即敌我指战员鉴别。

（4）保安与证件防伪领域

①在门、车的钥匙卡，授权使用的电脑以及特殊通道口的身份卡等场景下，可以把声纹存在卡上，在需要时持卡者将卡插入专用机的插口上，使用接收机进行声纹比对分析从而完成身份确认。

②把含有某人声纹特征的芯片嵌入证件之中形成证件防伪。

（5）社保领域

社保社会化以后，因为就业单位的变更、退休人员异地养老等原因，投保人员频繁流动、分散。所以确定投保人的生存状况一直是社保支付理赔工作中的一个难题。全国各地陆续出现了社保基金被冒领的现象，解决这一难题的出路在于采用生物识别技术进行身份认证，而声纹识别是其中非接触、最易采集的一种生物识别验证方式。

6.2　计算机视觉

6.2.1　计算机视觉概述

计算机视觉是使用计算机及相关设备对生物视觉的一种模拟。它是一门研究如何使机器"看"的交叉学科。计算机视觉研究相关的理论和技术，试图建立能够从图像或者视频中获取信息并理解其内容的人工智能系统。计算机视觉在众多领域有极为广泛的应用价值。据学者统计，人类获取的信息 83% 来自视觉。计算机视觉是人工智能领域最重要的研究方向，也是人工智能领域研究历史最长、技术积累最多的方向。

计算机视觉以图像为基本研究对象，目的是对图像进行各种各样的处理与分析。按照对图像理解层次的不同，一般可以把计算机视觉分为低级视觉和高级视觉，低级视觉包括图像去噪、拼接、超分辨率等传统任务。通常而言，这些任务不需要计算机理解图像上有什么，而高级视觉则明确要求计算机理解图像上有什么，以及解决基于此而引出的新问题。

如果说语音、语言信号是一维信号，图像就是二维信号，它们都属于人工智能、机器学习的主要研究领域。因此在语音、自然语言和计算机视觉中的算法很多可以相互借鉴。计算机视觉以图像和视频为研究对象，该领域研究方向广泛，有图像识别、目标检测、语义检测、实例分割、目标跟踪、视频描述、立体视觉与三维重构等。

6.2.2 图像识别

1. 图像识别的种类

图像识别也称为图像分类，顾名思义就是辨别图像是什么，或者说图像中的物体属于什么类别。图像分类根据不同分类标准可以划分为很多方向。

根据类别标签，可以划分为：

①二分类问题，如判断图片中是否包含人脸。

②多分类问题，如图 6-18 所示，需要分类 10 个类别。

③多标签分类，每个类别都包含多种属性的标签，如对于服饰分类，可以加上衣服颜色、纹理、袖长等标签，输出的不只是单一的类别，还可以包括多个属性。

图 6-18 多分类问题

根据分类对象，可以划分为：

①通用分类，比如简单划分为鸟、车、猫、狗等类别。

②细粒度分类，该问题是对大类下的子类进行识别。比如鸟类、花卉、猫、狗等类别，它们的一些更精细的类别之间非常相似，而同一个类别则可能由于遮挡、角度、光照等原因就不易分辨。如图 6-19 所示，分别对狗和汽车的细粒度分类。

图 6-19　分别对狗和汽车的细粒度分类

2. 图像识别的步骤

图像识别的总体步骤可以描述如下：

①由 N 个图像组成的训练集作为输入，共有 K 个类别，每个图像都被标记为其中一个类别。

②使用该训练集训练一个分类器，来学习每个类别的特征。

③预测一组新图像的类标签，评估分类器的性能，我们用分类器预测的类别标签与其真实的类别标签进行比较，判断图像分类的效果。

3. 图像识别的方法

目前较为流行的图像识别网络模型是卷积神经网络，它将图像送入网络，然后网络对图像数据进行分类。图像从被输入卷积神经网络的"扫描仪"开始，该输入"扫描仪"不会一次性解析所有的图像训练数据，比如输入一个大小为 100×100 的图像，不需要一个有 10000 个节点的网络层，相反地只需要创建一个大小为 10×10 的扫描输入层（卷积核）即可。然后通过该"扫描仪"扫描图像的前 10×10 个像素，提取该扫描范围下图像的特征。紧接着，"扫描仪"向右移动一定距离，再扫描下一个 10×10 的像素，依次类推直到把该图像所有像素都扫描一遍，这个"扫描仪"就是滑动窗口。

上述处理过程是在卷积神经网络的卷积层的操作，输入数据被送入卷积层后，每个节点只需要处理离自己最近的邻近节点。卷积层也随着扫描的深入而趋于收缩。除了卷积层之外，通常还会有池化层。池化是过滤细节的一种方法，常见的池化技术是最大池化，它用大小为 $2×2$ 的矩阵传递拥有最多特定属性的像素。经过池化层后，最后使用全连接层对高纬度特征进行分类，最终得出图像的类别。基于卷积神经网络的图像识别框架如图 6-20 所示。

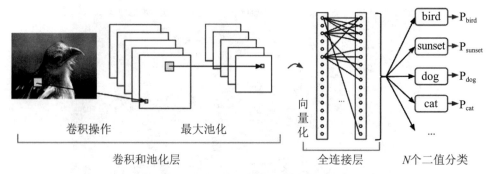

卷积操作　　　　最大池化　　　　向量化　　　　全连接层　　　N个二值分类

卷积和池化层

图 6-20　基于卷积神经网络的图像识别框架

当前在公开数据集上的图像识别精度已经很高，但在实际应用中图像识别问题还需要面临以下几个挑战：视点变化、尺度变化、类内差异、图像变形、图像遮挡、照明条件和背景杂斑等因素的影响。

6.2.3　目标检测和目标跟踪

如果说目标识别是判定图像中目标有或无的问题，目标检测就是更进一步地找出目标在图像中的位置，检测到目标后通常需要用矩形框把目标包裹起来。目标检测广泛应用于机器人导航、智能视频监控、工业检测、航空航天等诸多领域，通过计算机视觉减少对人力资本的消耗，具有重要的现实意义。因此，目标检测也就成了近年来理论和应用的研究热点，它是图像处理和计算机视觉学科的重要分支，也是智能监控系统的核心部分，同时目标检测也是泛身份识别领域的一个基础性的算法，对后续的人脸识别、步态识别、人群计数、实例分割等任务起着至关重要的作用。如图 6-21 所示为赛车图像目标检测示例。

目标跟踪是计算机视觉中一类非常重要的问题，也是视频中特有的研究问题。简单来讲，目标跟踪是在动态连续的视频序列中，建立所要跟踪物体的位置关系，得到目标物体完整的运动轨迹，并判断其运动趋势。按照跟踪目标数量的多少，可分为单目标跟踪与多目标跟踪。前者跟踪视频画面中的单个目标，后者则同时跟踪视频画面中的多个目标，得到这些目标的运动轨迹。

单目标跟踪一般默认为目标一直在视频中，视频中跟踪的目标也唯一。相对单目标跟踪来说，多目标跟踪问题更加复杂，通常需要解决以下问题：跟踪目标的自动初始化和自动终止，即如何判断新目标的出现，旧目标的消失；跟踪目标的运动预测和

图 6-21　赛车图像目标检测示例

相似度判别，即准确地区分每一个目标；跟踪目标之间的交互和遮挡处理；跟丢目标再次出现时，如何进行再识别等。如图 6-22 所示为多行人目标跟踪示例。

图 6-22　多行人目标跟踪示例

6.2.4　语义分割和实例分割

计算机视觉的核心是分割，它将整个图像分成一个个像素组，然后对其进行标记和分类。特别地，语义分割试图在语义上理解图像中每个像素的角色（比如，识别它是汽车、摩托车还是其他的类别）。如图 6-23 所示，除了识别人、道路、汽车、树木等之外，我们还必须确定每个物体的边界。因此，与目标检测不同，语义分割需要用模型对图像中的每一个像素进行分类判别，或者可以称为像素级的目标检测。

在语义分割基础上，如果再进一步将相同类型但不同个体的目标一一进行语义分割出来即为实例分割，示例如图 6-24 所示。比如用不同颜色来标记不同汽车。相对于目标检测和语义分割，实例分割需要执行更复杂的任务，语义分割需要区分多个重叠物体和不同背景的复杂景象，需要将这些不同的对象进行分类，还要确定对象的边界、差异和彼此之间的关系等。语义分割和实例分割的典型应用场景是无人驾驶。

图 6-23　语义分割示例

图 6-24　实例分割示例

6.2.5　视频描述

在对视频的物体识别分类、目标的行为识别之后，最重要的工作是对视频内容的理解。图像描述（Image Captioning）是为一张图像生成一句描述，视频描述（Video Captioning）与其类似，是为一个视频片段生成一句描述。因为短视频包含多帧视频图像，所以相比于图像描述，视频描述更复杂、更具难度，需要考虑帧与帧之间的关系（时序因素）对生成句子的影响，以及视频上下文之间的联系。图像描述是对图像语义的理解，并需要用语言表达出来，这属于高级的计算机视觉任务。图像描述示例如图 6-25 所示。

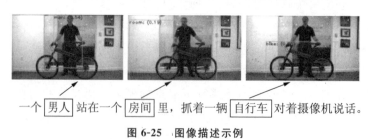

一个 男人 站在一个 房间 里，抓着一辆 自行车 对着摄像机说话。

图 6-25　图像描述示例

6.2.6 立体视觉与三维重构

立体视觉是计算机利用多角度拍摄或连续时间拍摄同一物体后通过匹配算法和学习对其进行三维重建的过程,是计算机模仿眼睛感受世界的高维形式。三维重构方法有多种,总体可以分为基于结构光、三角测距等的主动式方法,基于单目视觉或双目视觉的被动式方法,基于RGB-D(深度图像)相机的方法和基于体素、点云和网格等的深度学习方法。三维重构示例如图6-26所示。

图 6-26 三维重构示例

6.2.7 计算机视觉应用

计算机视觉是人工智能和深度学习中一个热门的研究领域,目前计算机视觉的应用已经遍布生活的各个方面,如文字识别、人脸识别、智能交通、智慧医疗、公共安全、个人娱乐等,大大提升了我们的生活品质。

1. 文字识别

文字识别也叫作光学字符识别(Optical Character Recognition,OCR),可以分为印刷体识别和手写体识别。它是利用光学技术和计算机技术把印在或写在纸上的文字读取出来,并转换成一种计算机能够接受、人又可以理解的格式。文字识别是计算机视觉研究领域的分支之一,并已在商业中广泛应用。OCR技术正在改变着我们的生活,比如一个手机App就能帮忙扫描名片、身份证,并识别出里面的信息;汽车进入停车场、收费站都是用车牌识别技术;使用搜题App在不会的题上扫一扫就能在网上帮你找到这题的答案。文字识别应用示例如图6-27所示。

2. 人脸识别

人脸识别是基于人的脸部特征信息进行身份识别的一种生物识别技术,是计算机视觉的重要研究方向。人脸识别在安防、金融、交通、教育、医疗、警务、电子商务等诸多场景实现了广泛应用,有着巨大的应用价值。人脸识别流程示例如图6-28所示。

图 6-27　文字识别应用示例

人脸检测　　关键点定位　　人脸校正　　特征提取　　　结果判定

图 6-28　人脸识别流程示例

3. 行人重识别

行人重识别(Person Re-Identification，ReID)主要解决跨摄像头、跨场景下行人的识别与检索，是一种跨境追踪技术。该技术能够根据行人的穿着、体态、发型等信息认知行人，与人脸识别结合能够适用于更多新的应用场景，将人工智能的认知水平提高到一个新阶段。

如图 6-29 所示，分别描述了多个摄像头跟踪男子场景和在不同穿着、不同姿态、不同角度、目标遮挡等情况下行人的重识别场景。

4. 智能寻人系统

如图 6-30 所示，该示例是一个典型的智能寻人系统应用案例，利用安装在游乐场的监控系统可以帮着快速准确地搜索到走失的孩子。

5. 医学图像处理

医学图像处理的对象是各种不同成像机理的医学影像，利用计算机图像处理技术对二维切片图像进行分析和处理，实现对人体器官、软组织和病变体的分割提取、三维重建和三维显示，可以辅助医生对病变体及其他感兴趣的区域进行定性甚至定量的分析，从而大

图 6-29　行人重识别应用示例

假如小朋友与
爸爸妈妈走散了

图 6-30　智能寻人系统应用示例

大提高医疗诊断的准确性和可靠性。目前，医学图像处理主要集中表现在病变检测、图像分割、图像配准及图像融合 4 个方面。如图 6-31 所示为脑病变图像分割应用示例。

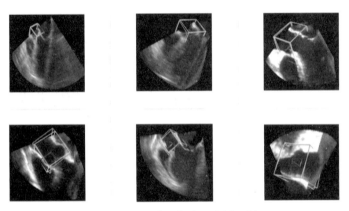

图 6-31　医学图像处理应用示例

6.3　自然语言处理

6.3.1　自然语言处理概述

人工智能可以分为计算智能、感知智能、认知智能和创造智能。其中，运算智能这一点计算机已经远远超过人类。对视觉、听觉、触觉等所模拟的感知智能近年来取得了很大进步,某种情况下甚至超过了人类水平并具有了实用化能力。认知智能包括自然语言理解、知识和推理。其中语言理解包括词汇、句法、语义层面的理解,也包括篇章级别和上下文的理解。自然语言处理有明显的实际意义,同时也有重要的理论意义。人们可以用自己最习惯的语言来使用计算机,而无须再花大量的时间和精力去学习不很自然和不习惯的各种计算机语言。人们也可通过它进一步了解人类的语言能力和智能的机制。自然语言理解处于认知智能的核心地位,它的进步会引导知识图谱的进步,推动人工智能的整体进展,从而使得人工智能技术可以落地实用化。

自然语言处理(Natural Language Processing,NLP)技术大体包括了自然语言理解和自然语言生成两个部分。自然语言的形式(字符串)与其意义之间是一种多对多的关系,这也正是自然语言的魅力所在,但从计算机处理的角度我们必须消除歧义,而且有人认为它正是自然语言理解的中心问题,即要把带有潜在歧义的自然语言输入转换成某种无歧义的计算机内部表示。

6.3.2 自然语言处理涵盖的技术

自然语言处理主要涵盖以下细分技术。

1. 分词

分词的任务是指对一个句子当中每个字进行切分,使句子的基本语义单元变成词。

2. 句法分析

句法分析是指将句子中每个部分的组块标注出来。具体包括组块分析、超级标签分析、成分句法分析、依存句法分析。

3. 信息抽取

信息抽取是指从一段文本中抽取关键信息,即从无结构的文本中抽取结构化的信息。

4. 词义消歧

词义消歧顾名思义是指消除句子或词语中的歧义的技术。

5. 文本分类

文本分类是指根据文本内容将其分到合适的类别。

6. 机器翻译

机器翻译是指实现文本的自动翻译。

7. 自动文摘

自动文摘是指有一大段文字,我们需要将里面的信息提取出来以方便阅读或方便提取信息。

8. 问答系统

问答系统可以理解为一个你提出问题机器给予你答案的系统。

9. 文字识别

文字识别也属于计算机视觉内容,将图片当中的文字通过机器识别图像翻译成文本形式。

10. 信息检索

信息检索是用户进行信息查询和获取的主要方式，是查找信息的方法和手段。

6.3.3 文本分类

文本分类是自然语言处理的一个十分重要的问题，主要应用于信息检索、机器翻译、自动文摘、信息过滤、邮件分类等任务。

文本分类最早可以追溯到 20 世纪 50 年代，那时主要通过专家定义规则来进行文本分类。20 世纪 80 年代出现了利用知识工程建立的专家系统。90 年代开始借助于机器学习方法，通过人工特征工程和浅层分类模型来进行文本分类。现在多采用词向量以及深度神经网络来进行文本分类。文本分类的流程如图 6-32 所示。

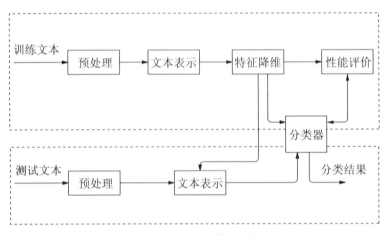

图 6-32　文本分类流程图

要解决文本分类问题，首先就要将文本转为计算机能够理解的数学符号。自然语言处理中最直观也最常用的词表示方法是 One-hot Representation，这种方法把每个词表示为一个很长的向量。这个向量的维度是词表大小，比如若汉语有 10000 个词，词表大小就是 10000。该向量中只有一个维度的值为 1，其余维度为 0，这个是 1 的维度就代表了当前的词。比如：

"高兴"表示为[0001000000000000…]

"快乐"表示为[0000000010000000…]

这样看每个词都是茫茫 0 海中的一个 1。这种 One-hot Representation 方法如果采用稀疏方式存储非常的简洁，也就是给每个词分配一个数字 ID。比如上面的例子中，"高兴"记为 3，"快乐"记为 8。但这种表示方法也存在一个重要的问题，就是"词汇鸿沟"现象。任意两个词之间都是孤立的，仅从这两个向量中看不出两个词是否有关系，比如"高兴"和"快乐"两个向量的距离或夹角就不够小。

尽管词的分布式表示在 1986 年就提出来了，但真正成为热点是 2013 年 Google

发表的两篇 word2vec 的论文,并随之发布了简单的 word2vec 工具包,在语义维度上得到了很好的验证,极大地推动了文本分析的进程。文本通过词向量(Word Embedding)的表示方法,把文本数据从高纬度稀疏的神经网络难处理的方式变成了类似图像、语言的连续稠密数据,这样就可以把深度学习的分类算法迁移到文本领域。图6-33 是 Google 的词向量文章中涉及的两个模型 CBOW(上下文来预测当前词)和 Skip-gram(当前词预测上下文)。CBOW 输入是某一个特征词的上下文相关的词对应的词向量,而输出就是这特定的一个词的词向量,即先验概率。Skip-gram 模型和 CBOW的思路是反着来的,即输入是特定的一个词的词向量,而输出是特定词对应的上下文词向量,即后验概率。词向量解决了文本表示的问题,后续的文本分类问题就可以充分利用深度神经网络模型来解决,目前典型的神经网络文本分类模型有 fastText、Text CNN、Text RNN、Text RNN+Attention、Text RNN+CNN 等。

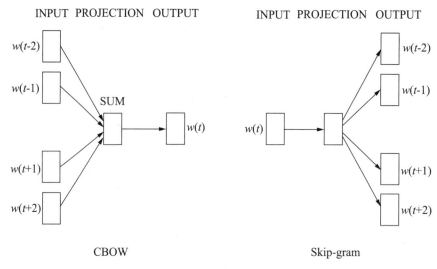

图 6-33　文本分类的词向量模型

6.3.4　问答系统

问答式信息检索是一种允许用户以自然语言方式询问,系统从单语或多语文档集中查找并返回确切答案或者蕴含答案文本片段的新型信息检索的方式。问答系统允许用户以自然语言的形式查询信息。例如,世界上最大的宫殿是什么宫殿? 系统则直接提供给用户准确、简洁的答案。问答系统能够提供给用户真正的、有用的、精确的信息,它将是下一代搜索引擎的理想选择。

基于自然语言处理技术的问答系统是传统搜索引擎改进的方向之一,自然语言问答系统本身处理的输入就是以自然语言形式表达的问句,通过提取问句中的查询信息,然后解析出用户的查询意图,再根据查询意图从文档中精准定位答案所在,将自然语言形式的答案抽取出来返回给用户,而不仅仅是将问题的答案文档分布返回给用户,这无论是从精确程度还是满足用户的检索需求上都是很大的进步。

　　智能问答系统涉及的领域很广，其中主要关键技术有知识的抽取和表示，用户问句的语义理解和通过知识推理得到答案。这些领域都需要进行深入研究才会得到更好的智能问答系统。无论我们在任一领域取得重大的突破，不仅仅对于智能问答系统，而且对于其他领域，包括文本分类、推荐系统等都会有相当大的促进作用。

　　Start 是世界上第一个基于 Web 的问答系统，自从 1993 年 12 月开始，它持续在线运行至今，现在 Start 能够回答数百万的多类英语问题，包括位置类(城市、国家、湖泊、地图等)，电影类(片名、演员和导演等)，人物类(出生日期、传记等)，词典定义类等。国外目前比较成功的问答系统有 Start、Watson(IBM)、Siri(iPhone)、Microsoft Cortana 等。国内的众多企业和研究团体也推出了很多问答系统，如小度机器人(百度)、知乎问答平台等。

　　按照不同的分类方式，问答系统可以分为多种类型，如图 6-34 所示。

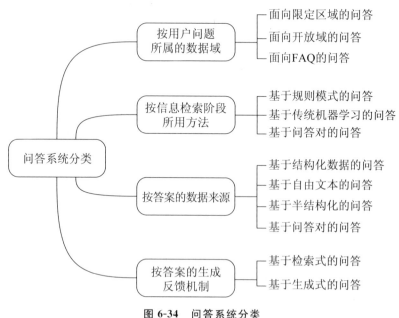

图 6-34　问答系统分类

　　问答系统研究包含 3 个基本问题：如何去分析问题；如何根据问题的分析结果去缩小答案可能存在的范围；如何从可能存在答案的信息块中抽取答案。对应问答系统的一般处理流程如图 6-35 所示。

　　目前问答系统的主要应用场景有电话营销机器人、智能客服、智能助手、游戏智能机器人、聊天机器人等。

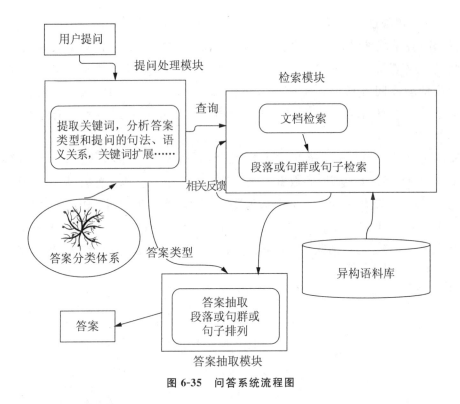

图 6-35　问答系统流程图

6.3.5　机器翻译

机器翻译是用计算机把一种语言翻译成另一种语言的一门科学和技术，是自然语言处理领域的一个重要研究方向。机器翻译从被提出发展到现在，从方法上可以分为基于规则的机器翻译、基于实例的机器翻译、基于统计的机器翻译和神经机器翻译 4个阶段。

1. **基于规则的机器翻译**

基于规则的机器翻译存在以下假设：所有不同语言的符号都代表相同的含义。因为通常情况下，一种语言的单词可以找到另一种具有相同含义的语言对应的单词。在这种方法中，翻译过程可以视为源句子中的单词替换。就"基于规则"而言，由于不同的语言可以以不同的单词顺序表示相同的句子含义，因此单词替换方法应基于两种语言的语法规则。因此，源句子中的每个单词都应在目标语言中占据相应的位置。基于规则的机器翻译通常分为源语言句子分析、转换和目标语言句子生成 3 个阶段。基于规则的机器翻译系统中，主要包括词法、句短语和转换生成通过 3 个连续的阶段实现分析、转换、生成，根据复杂性可以分为直接翻译、结构转换翻译和中间语翻译 3 种形式，基于规则的机器翻译转换层面如图 6-36 所示。

翻译的规则需要专业人士来制定，当规则太多时，规则之间的依赖会变得非常复杂，难以构建大型翻译系统。基于规则的机器翻译在实现上几乎不能达到令人满意的

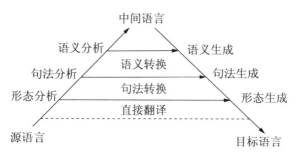

图 6-36　基于规则的机器翻译转换层面

性能。基于规则的方法的最严重的缺点是它在翻译过程中忽略了上下文信息的需求,这破坏了基于规则的机器的鲁棒性。

2. 基于实例的机器翻译

基于规则的翻译方式,当规则太多时,规则之间的依赖会变得非常复杂,难以构建大型的翻译系统。随着人们收集到越多的双语和单词的数据,并基于这些数据抽取翻译模板以及形成翻译词典后,可以在翻译时对输入的句子进行翻译模板的匹配,并基于匹配成功的模板片段和词典里的翻译知识来生成翻译结果,这便是基于实例的机器翻译。如图 6-37 所示,基于实例的机器翻译首先使用实例库中的源语言实例对输入源语句 S 进行匹配,返回结构和句法上最相似的源语句 S′,并得到对应的目标语言的句子 T′。基于命中句子 S′ 和输入句子 S 的分析以及 S′ 和 T′ 词汇级别的翻译知识,将 T′ 修改为最终的译文 T。

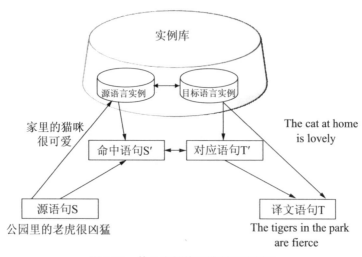

图 6-37　基于实例的机器翻译流程图

3. 基于统计的机器翻译

20 世纪 90 年代,随着计算机技术的发展,大规模的双语和单词语料的获取成为可能,基于大规模语料的统计的翻译方法成为主流,该方法又被称为基于语料库的翻译方法,它不需要撰写规则。通俗来讲,源语到目的语的翻译过程是一个概率统计过程,任何一个目的语句子都有可能是任何一个源语句子的译文，只是概率不同，机器翻译的任务就是找到概率最大的那个句子。给定源语言句子，统计机器翻译的方法对目标语言句子的条件概率进行建模，通常拆分为翻译模型和语言模型。翻译模型刻画目标语言句子跟源语言句子在意义上的一致性。如图 6-38 所示是当前统计机器翻译中一些典型的翻译模型。

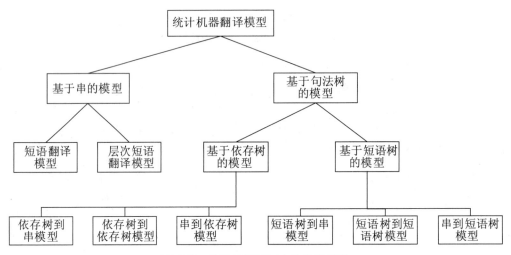

图 6-38　统计机器翻译中的典型模型

语言模型刻画目标语言句子的流畅程度。机器翻译模型可以看作一个特殊的语言模型，机器翻译使用目标语言的语言模型来预测某个句子的生成概率，但是需要以源语言句子作为条件。

语言模型使用大规模的单语数据进行训练，翻译模型使用大规模的双语数据进行训练。统计机器翻译通常使用某种解码算法生成翻译候选，然后用语言模型和翻译模型对翻译候选进行打分和排序，最后选择最好的翻译候选作为译文的输出。解码算法通常有束解码、CKY 解码等。

图 6-39 是基于 CKY 解码算法的统计机器学习翻译示例。统计机器学习翻译使用翻译规则对输入句子进行匹配，得到输入句子中片段的翻译候选。如果某个片段有多个翻译候选，则使用语言模型和翻译模型对这些翻译候选进行排序。只保留打分最高的某些候选。基于这些片段的翻译候选使用翻译规则将翻译片段进行拼接以组成更长片段的翻译候选。翻译片段的拼接有顺序和反序两种，翻译模型和语言模型在打分上有不同的权重，权重通常使用现有的开发数据集训练得到。

4. 神经机器翻译

2014 年，蒙特利尔大学计算机教授约书亚・本吉奥实验室首先将端到端（End-to-End）的循环神经网络结构应用到翻译领域，它以统计机器翻译模型为主，用循环神经网络训练得到短语对来给基于统计的机器翻译增加新特征。2014 年，Sutskever 首次实现完整意义上端到端的长短期记忆网络（Long Short Term Memory Networks，LSTM）

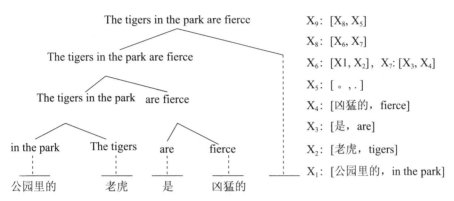

The tigers in the park are fierce

The tigers in the park are fierce	X₉: [X₈, X₅]
	X₈: [X₆, X₇]
The tigers in the park are fierce	X₆: [X1, X₂], X₇: [X₃, X₄]
	X₅: [。, .]
in the park The tigers are fierce	X₄: [凶猛的, fierce]
	X₃: [是, are]
公园里的 老虎 是 凶猛的	X₂: [老虎, tigers]
	X₁: [公园里的, in the park]

X_9: $[X_8, X_5]$

X_8: $[X_6, X_7]$

X_6: $[X1, X_2]$, X_7: $[X_3, X_4]$

X_5: $[。, .]$

X_4: $[凶猛的, fierce]$

X_3: $[是, are]$

X_2: $[老虎, tigers]$

X_1: $[公园里的, in the park]$

图 6-39　基于 CKY 解码算法的统计机器学习翻译示例

版本的神经机器翻译模型，紧接着，同样是本吉奥实验室首次将注意力机制（Attention Mechanism）引入神经机器翻译，进一步提升了翻译性能。2017 年，Google 舍弃传统的循环神经网络和卷积神经网络模型，完全基于注意力机制提出 Attention＋Transformer 模型，在经过优化之后，基于 Transformer 的翻译模型达到当前最优的机器翻译效果。

6.3.6　注意力机制

当前在神经机器翻译的发展过程中，注意力机制愈加受到重视，至目前已在算法模型中起主导作用。为什么引入注意力机制呢？基于编码器、解码器框架的神经机器学习翻译模型在翻译比较短的句子时效果尚可，但在翻译比较长的句子时，由于最先输入的词的信息在经过多次的循环神经网络单元运算后很难被保留下来，从而使得翻译质量下降比较严重。注意力机制的引入进一步提高了编码器、解码器在长句子上的翻译质量，使得神经机器的翻译质量全面超越了基于统计的翻译模型。

注意力机制原理可以用图 6-40 表示，注意力实现过程本质是一个寻址（addressing）的过程。给定一个和任务相关的查询向量，通过计算与关键的注意力分布并附加在值上，从而计算注意力值，这个过程实际上是注意力机制缓解神经网络模型复杂度的体现。即不需要将所有的 N 个输入信息都输入神经网络进行计算，只需要从 X 中选择一些和任务相关的信息输入给神经网络。

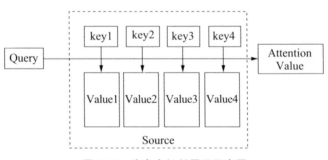

图 6-40　注意力机制原理示意图

注意力机制产生后，相继出现了多种变种形式，如硬注意力、基于键值对模式的软注意力、多头注意力（multi-head attention）以及自注意力（self-Attention）等多种模型。利用自注意力机制可以实现动态地生成神经网络不同连接的权重，从而容易处理变长的信息序列。

比尔·盖茨曾说过："语言理解是人工智能皇冠上的明珠。"在现实应用中，自然语言处理常和语音识别、语音合成、计算机视觉等任务相伴相生，在个性化推荐、智能机器人、无人驾驶等领域应用广泛。

6.4　本章小结

听、说、读、写、看是人类感知外界并表达思维的最基本、最重要的能力。人工智能技术试图结合其他相关学科模拟人的这些能力，并在这个过程中探知人类智能的本质。本章从技术原理、发展历程、研究方向和技术应用等几个方面分别介绍了智能语音、计算机视觉、自然语言处理 3 个人工智能的最重要研究领域。三者的研究方法具有一定相似性和可参照性，它们本质上都属于机器学习的研究范畴。随着深度学习在多个应用领域取得显著成果，智能识别技术的应用将更加深刻地改变我们的生活。

▸▸ 思考题

（1）简述语音识别与声纹识别的区别。

（2）基于卷积神经网络的图像识别中"卷积"的操作过程和作用是什么？

（3）如何理解比尔·盖茨曾说过的"语言理解是人工智能皇冠上的明珠"这句话？

（4）能否列举几个你所熟悉的智能识别的例子？其中用了哪些智能识别技术？你最感兴趣哪种智能识别技术或应用？

（5）产业界提供了多个智能问答系统的开发接口，请通过搜集学习其中一种接口，尝试实现一款简单的智能问答系统的应用。

第7章　大数据与人工智能的应用

大数据与人工智能给各行各业带来了变革与重构，一方面，将人工智能结合大数据技术应用到现有的产品中，创新产品，发展新的应用场景；另一方面，人工智能和大数据技术的发展也对传统行业产生深远影响。人工智能对人工的替代成为不可逆转的发展趋势，尤其在工业、农业等简单、重复、可程序化强的领域中；在国防、医疗、驾驶等行业领域，人工智能与大数据结合更加能够提供适应复杂环境，更为精准、高效的专业化服务，从而取代或者更新传统的人工服务，服务形式在未来也将趋于个性化和系统化。

大数据及人工智能与行业的深度结合，可以实现传统行业的智能化，包括金融、医疗、安防、家居、教育等。在各个垂直领域中，传统厂商具备产业链、渠道、用户数据优势，而这些正通过接入互联网和大数据搭载人工智能的浪潮进行转型。大数据与人工智能无处不在，并与我们的生活紧密相连。

7.1　智能家居

智能家居是以住宅为平台，利用综合布线技术、网络通信技术、安全防范技术、自动控制技术、音视频技术将家居生活有关的设施集成，构建高效的住宅设施与家庭日程事务的管理系统，提升家居安全性、便利性、舒适性、艺术性，并实现环保节能的居住环境。

智能家居的实体雏形源自美国联合科技公司为美国康涅狄格州哈特佛建造的"都市办公大楼"(City Place Building)。这栋建筑结合了建筑设备信息化、整合化的概念，是世界上第一座智能型建筑。

从本质上讲，智能家居并非某些具体的家具设备，而是指一整套能够控制从安防到通信、从照明到采暖等各种细节的智能控制系统，如图 7-1 所示。智能家居在家庭中的其中一部分应用如图 7-2 所示。

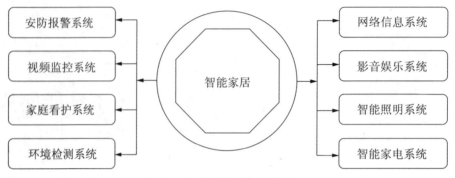

图 7-1　智能家居系统构成

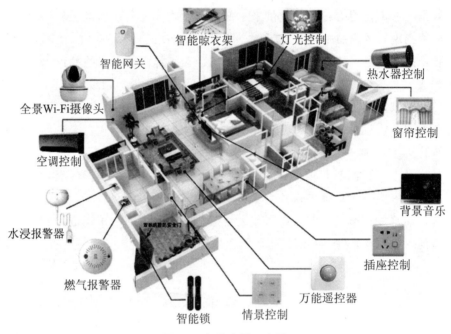

图 7-2　智能家居示意图

7.1.1　智能家居的技术特点

智能家居网络的构成随着集成技术、通信技术、互操作能力和布线标准的实现而不断改进。它涉及对家庭网络内所有的智能家具、设备和系统的操作、管理以及集成技术的应用。其技术特点表现如下。

1. 通过家庭网关及其系统软件建立智能家居平台系统

家庭网关是智能家居局域网的核心部分，主要完成家庭内部网络各种不同通信协议之间的转换和信息共享，以及与外部通信网络之间的数据交换功能，同时网关还负责家庭智能设备的管理和控制。

2. 统一的平台

用计算机技术、微电子技术、通信技术，家庭智能终端将家庭智能化的所有功能集成起来，使智能家居建立在一个统一的平台之上。首先，实现家庭内部网络与外部网络之间的数据交互；其次，还要保证能够识别通过网络传输的指令是合法的指令，而不是"黑客"的非法入侵。因此，家庭智能终端既是家庭信息的交通枢纽，又是信息化家庭的"保护神"。

3. 通过外部扩展模块实现与家电的互连

为实现家用电器的集中控制和远程控制功能，家庭智能网关通过有线或无线的方式，按照特定的通信协议，借助外部扩展模块控制家电或照明设备。

4. 嵌入式系统的应用

以往的家庭智能终端绝大多数是由单片机控制的。随着新功能的增加和性能的提升，将处理能力大大增强的具有网络功能的嵌入式操作系统和单片机的控制软件程序做了相应的调整，使之有机地结合成完整的嵌入式系统。

7.1.2 智能家居的发展历程

智能家居作为一个新生产业，处于一个导入期与成长期的临界点，市场消费观念还未形成，但随着智能家居市场推广普及的进一步落实，培育起消费者的使用习惯，智能家居市场的消费潜力必然是巨大的，产业前景光明。智能家居在中国的发展经历可以分为5个阶段，分别是萌芽期、开创期、徘徊期、融合演变期和爆发期。

1. 萌芽期(1994—1999 年)

这是智能家居第一个发展阶段，整个行业还处在一个概念熟悉、产品认知的阶段，这时没有出现专业的智能家居生产厂商。

2. 开创期(2000—2005 年)

国内先后成立了五十多家智能家居研发生产企业，主要集中在深圳、上海、天津、北京、杭州、厦门等地。智能家居的市场营销、技术培训体系逐渐完善起来，此阶段，国外智能家居产品基本没有进入国内市场。

3. 徘徊期(2006—2010 年)

2005 年以后，上一阶段智能家居企业的野蛮成长和恶性竞争，给智能家居行业带来了极大的负面影响，包括过分夸大智能家居的功能而实际上无法达到这个效果；厂商只顾发展代理商却忽略了对代理商的培训和扶持，导致代理商经营困难、产品不稳定，以致用户高投诉率。行业用户、媒体开始质疑智能家居的实际效果，由原来的鼓吹变得谨慎，市场销售增长减缓甚至部分区域出现了销售额下降的现象。2006—2007年，大约有二十多家智能家居生产企业退出了这一市场，各地代理商结业转行的也不在少数。许多坚持下来的智能家居企业，在这几年也经历了缩减规模的痛苦。这一时期，国外的智能家居品牌却暗中布局进入了中国市场，活跃在市场上的国外主要智能家居品牌都是这一时期进入中国市场的，如罗格朗、霍尼韦尔、施耐德等。国内部分存活下来的企业也逐渐找到了自己的发展方向，如瑞朗、爱尔豪斯、海尔、科道等。

4. 融合演变期(2011—2020 年)

进入 2011 年以来市场明显有了增长的势头，而且大的行业背景是房地产受到调控。智能家居的放量增长说明智能家居行业进入了一个拐点，由徘徊期进入了新一轮的融合演变期。接下来的三到五年，智能家居一方面进入一个相对快速的发展阶段，另一方面协议与技术标准开始主动互通和融合，行业并购现象开始出现甚至成为主流。

接下来的五到十年是智能家居行业发展极为快速，但也是最不可捉摸的时期，由于住宅家庭成为各行业争夺的焦点市场，智能家居作为一个承接平台成为各方力量首先争夺的目标。

5. 爆发期(2020 年以后)

各大厂商已开始密集布局智能家居，尽管从产业来看，还没有特别成功、特别能代表整个行业的案例显现，这预示着行业发展仍处于探索阶段，但越来越多的厂商开始介入和参与使得外界意识到，智能家居未来已不可逆转。智能家居企业如何发展自身优势和其他领域的资源整合，成为企业乃至行业"站稳"的要素。

智能家居从最初的灯光遥控、窗帘遥控逐渐发展到家庭安防警报、指纹开锁、设备联动等各个环节，其内涵变得越来越广泛，几乎涵盖所有家庭弱电行业。市场上的智能家居品牌也越来越多，大型家居品牌也加入了在智能家居产业的市场投入。例如，海尔作为家电行业的优势品牌，对智能家居的研发也深入各个方面。海尔智能家居以 U-home 系统为平台，将有线网络与无线网络相结合，让所有智能家居设备在网络上都连接起来，实现"家庭小网""社区中网""世界大网"的物物互联，并通过安装的家居产品的智能化识别与管理系统使用户无论身在何处都能够实现对家中设备的控制。

7.1.3 智能家居系统的设计原则

衡量一个智能家居系统的成功与否，并非仅仅取决于智能化系统的多少、系统的先进性或集成度，而是取决于系统的设计和配置是否经济合理并且系统能否成功运行，系统的使用、管理和维护是否方便，系统或产品的技术是否成熟适用，即如何以最少的投入、最简便的实现途径来换取最大的功效，实现便捷、高质量的生活。为了实现上述目标，智能家居系统设计时要遵循以下原则。

1. 实用性

对智能家居产品来说，最重要的是以实用为核心，产品以实用性、易用性和人性化为主，最实用、最基本的智能家居控制功能包括智能家电控制、智能灯光控制、电动窗帘控制、防盗报警、门禁对讲、煤气泄漏等，同时还可以拓展诸如三表抄送、视频点播等服务增值功能。智能家居的控制方式也丰富多样，如本地控制、遥控控制、集中控制、手机远程控制、感应控制、网络控制、定时控制等，智能家居的控制模式更加注重操作的便利化和直观性，采用图形图像化的控制界面，让操作所见即所得是大众比较乐于接受的。

2. 标准性

智能家居系统方案的设计应依照国家和地区的有关标准进行，确保系统的扩展性，在系统传输上采用标准的 TCP/IP 协议网络技术，保证不同生产商之间产出的智能家居设备系统可以兼容与互联。

3. 便捷性

智能家居的设备系统安装、调试与维护的工作量非常大，需要大量的人力、物力投入，成为制约行业发展的瓶颈。针对这个问题，系统在设计时就应考虑安装与维护的便捷性，如系统通过互联网远程调试与维护，允许工程人员远程检查系统的工作状况，对系统出现的故障进行诊断，系统设置与版本更新可以在异地进行，方便系统的应用与维护，提高响应速度，降低维护成本。

7.1.4 智能家居的发展趋势

目前，智能家居仍处于从手机控制向多控制终端结合的过渡阶段，手机 App 仍是智能家居的主要控制方式，但基于人工智能技术开发出来的语音助手、搭载语音交互的硬件等软硬件产品已经开始进入市场。通过语音控制，多产品联动的使用场景逐步变为现实。人工智能还将推动智能家居从多控制结合向感应式控制再到机器自我学习自主决策阶段发展。智能家居的发展将有以下几个趋势。

第一，通过云计算，用户不仅可以实时查看住宅内的风吹草动，并且可以对其进行溯源。同样通过对家中的各类智能插座、开关的数据统筹分析，能够实现对家庭的能源管控，制订出节能环保、方便舒适的使用计划。云服务除了向用户提供大容量的数据存储空间之外，同样担负了更多更关键的作用。

第二，在可以预见的未来，楼宇对讲将会增加一些智能家居的功能，将集安防、家电控制、信息服务、娱乐于一身。

第三，语音交互、体感交互、人脸识别等技术将成熟地应用到智能家居，削弱手机对智能家居的控制。

第四，机器人技术将融合交互、云计算、无线通信、人脸识别、人工智能、传感等技术，满足家庭医疗、教育、服务等需求。

7.2 智慧医疗

智慧医疗（Wise Information Technology of 120，WIT120），是一种以患者数据为

中心的医疗服务模式，主要分为 3 个阶段：数据获取、知识发现和远程服务。其中，数据获取由医疗物联网完成，知识发现依靠大数据处理技术进行，远程服务则由云端服务与轻便的智能医疗终端共同提供。这 3 个阶段形成智慧医疗中的"感""知""行"。智慧医疗通过打造健康档案区域医疗信息平台，利用最先进的物联网技术，实现患者与医务人员、医疗机构、医疗设备之间的互动，逐步达到信息化。

医疗行业基于人工智能技术，将形成辅助诊断系统，通过图像识别、知识图谱等技术，辅助医生决策，而医学大数据技术的发展和深度学习技术则助力精准医疗和药物研发，将患者信息数字化，提高发现潜在疾病的概率，并提供针对性解决方案；机器视觉技术则能够高效处理医学影像，帮助医生更好地进行病情分析，机器人能够帮助医生进行各类手术。

从全球企业实践来看，智慧医疗具体应用场景主要有医学影像、辅助诊疗、虚拟助理、新药研发、健康管理、可穿戴设备、急救室和医院管理、洞察与风险管理、营养管理及病理学、生活方式管理与监督等。大数据处理在医疗行业的应用包含诸多方向，如临床操作的比较效果研究、临床决策支持系统、医疗数据透明度、远程患者监控、对患者档案的先进分析、定价环节的自动化系统、基于卫生经济学和疗效的研究、研发阶段的预测建模、提高临床试验设计、临床试验数据分析、个性化治疗、疾病模式分析、新商业模式汇总患者临床记录和医疗保险数据集、网络平台和社区等。

7.2.1 智慧医疗的优势

1. 加快信息化建设，提升医疗机构的运营效率

医疗机构信息化的代表产物——电子病历可以说明人工智能对医疗机构信息化的意义。电子病历是一个储存库，里面汇集了患者所有的健康数据，医疗工作者可以在其中查看患者所有的健康数据，对指导医生用药具有很大帮助。此外，在征得患者同意后，电子病历也可以开放给研究人员进行疾病研究。

在进行临床试验的过程中，最困难的步骤就是将患者与临床试验进行匹配。美国 Mendel. ai 公司开发了一款针对临床试验招募的人工智能系统。患者可以在该系统中自行上传或委托医生上传电子病历，系统会自动将患者的健康数据和录入的临床试验数据进行实时精准匹配，并刷新匹配结果，一旦有匹配的组合，系统就会立刻通知患者参加临床试验。

从 Mendel. ai 公司的案例可以看到，人工智能技术在病患、医院、临床机构三者之间搭建了沟通的桥梁，加速了智能匹配患者和医疗机构的进程，医疗机构信息化的最终目的就是打破整个医疗行业的数据壁垒，提高医疗机构的运营效率。

2. 智能预测，降低发生疾病的风险

人工智能技术与医疗大数据技术的结合可以将患者数据与临床试验数据比对，对患者的情况进行预测和评估，降低发生疾病的风险。

一张病理切片在显微镜下会被放大成细胞结构的组织图，病理学家的工作就是分辨出几百张图片中哪一部分出现了异常。在智能系统和人类资深病理学家的比拼中，人类资深病理学家分析130张切片用30个小时，准确率为73.3％，而人工智能系统则只用数小时就完成分析，准确率高达88.5％。

在癌症预测上，智能医疗系统的表现一直非常出色。斯坦福大学的一个科研小组曾开发了一款智能系统，该系统通过图像识别和深度学习算法，可以直接用识别照片的方式检测照片上的人是否患有皮肤癌。经过测试，该系统的检测准确率超过了世界顶级的皮肤病医生。

除了癌症的预测以外，人工智能和大数据技术还被用于检测其他疑难杂症，如婴儿的自闭症。在北卡罗来纳大学，研究人员开发了一套智能算法，通过对脑部数据的深度学习，判断婴儿的大脑生长发育速度是否正常，用于检测婴儿是否有患自闭症的倾向。

3. 推进精准医疗，提高健康水平

精准医疗致力于解密基因数据，根据个体基因的不同实施针对性治疗，以便精准解决患者的问题，减少患者的痛苦。

作为 AI 医疗坚定的"长跑者"，IBM Watson Health 一直助力于智慧医疗，其中的 Watson for Genomics 基因组学分析系统只需短短几分钟就可以将每月产生的超过 10000 篇科学论文数据和 100 项新的临床数据进行系统化，并对其中涉及的基因组变异提供注释。Watson for Genomics 读取患者的基因组数据后，可快速将这些数据与临床等研究领域的数据库进行比对，检测出和患者匹配的肿瘤基因突变的可能，并生成匹配的预防方案；当发现基因突变之后，通过将基因突变的数据和已有的分子靶向治疗方案相匹配的方法可以得到精准治疗的方案。

7.2.2　智慧医疗系统的组成

概念上的智慧医疗系统通常由三部分组成，分别为智慧医院系统、区域卫生系统、家庭健康系统，如图 7-3 所示。

1. 智慧医院系统(由数字医院和提升应用两部分组成)

数字医院包括医院信息系统、实验室信息管理系统、医学影像信息存储系统、传输系统和医生工作站 5 个部分。实现病人诊疗信息和行政管理信息的收集、存储、处理、提取及数据交换。

医生工作站的核心工作是采集、存储、传输、处理和利用病人健康状况和医疗信息。医生工作站包括门诊和住院诊疗的接诊、检查、诊断、治疗、处方和医疗医嘱、病程记录、会诊、转科、手术、出院、病案生成等全部医疗过程的工作平台。

提升应用包括远程图像传输、大量数据计算处理等技术在数字医院建设过程的应用，实现医疗服务水平的提升。比如，远程探视，避免探访者与病患的直接接触，杜

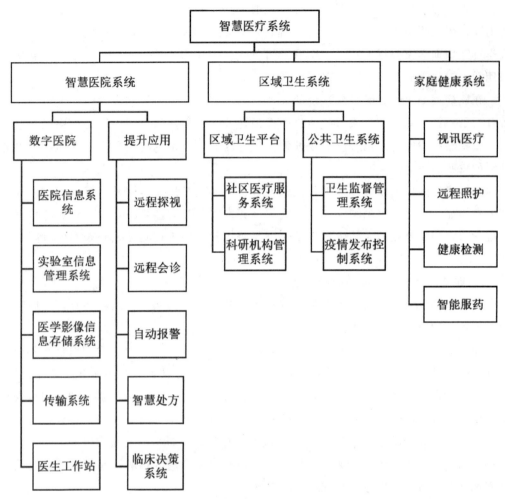

图 7-3 智慧医疗系统概念图

绝疾病蔓延，缩短恢复进程；远程会诊，支持优势医疗资源共享和跨地域优化配置；自动报警，对病患的生命体征数据进行监控，降低重症护理成本；智慧处方，分析患者过敏和用药史，反映药品产地、批次等信息，有效记录和分析处方变更等信息，为慢性病治疗和保健提供参考；临床决策系统，协助医生详尽地分析病历，为制定准确有效的治疗方案提供基础。

2. 区域卫生系统（由区域卫生平台和公共卫生系统两部分组成）

区域卫生平台包括收集、处理和传输社区、医院、医疗科研机构、卫生监管部门记录的所有信息的区域卫生信息平台，旨在运用尖端的科学和计算机技术，帮助医疗单位以及其他有关组织开展疾病危险度的评价，制订以个人为基础的危险因素干预计划，减少医疗费用支出，以及制定预防和控制疾病的发生和发展的电子健康档案。比如，社区医疗服务系统提供一般疾病的基本治疗、慢性病的社区护理、大病向上转诊、接收恢复转诊的服务；科研机构管理系统对医学院、药品研究所、中医研究院等医疗卫生科院机构的病理研究、药品与设备开发、临床试验等信息进行综合管理。公共卫生系统由卫生监督管理系统和疫情发布控制系统组成。

3. 家庭健康系统

家庭健康系统是最贴近市民的健康保障，包括针对行动不便无法送往医院进行救治病患的视讯医疗，对慢性病以及老幼病患远程的照护，对特殊人群的健康监测，还包括自动提示用药时间、服用禁忌、剩余药量等的智能服药系统。

保障体系包括安全保障体系、标准规范体系和管理保障体系 3 个方面。从技术安全、运行安全和管理安全 3 个方面构建安全防范体系，确实保护基础平台及各个应用系统的可用性、机密性、完整性、抗抵赖性、可审计性和可控性。

7.2.3 智慧医疗应用案例

近年来，人工智能和大数据在医疗领域的应用越来越多。一方面，数据挖掘、深度学习、图像识别、神经网络等技术的突破推动了医疗领域与人工智能及大数据的进一步融合；另一方面，社会逐渐进步，健康意识愈发强烈，人口老龄化等问题也对医疗领域提出了更高要求。

一直在智慧医疗方面积极布局的 IBM 将人工智能和大数据分析技术运用于医疗行业，深入洞察医学知识和医学数据，助力解决在肿瘤与基因、医学影像、生命科学、健康管理和医疗支付等健康领域的多重难题。例如，采用 IBM Watson Health 提供的人工智能技术，可以提前 1～4 小时预测出患者出现低血糖的可能性。

百度医疗大脑是百度在智慧医疗方面的重大成果。百度将在搜索引擎、百度医疗等平台上搜集的海量数据提供给医疗大脑的深度学习模型，并让模型分析这些医疗文本和图像数据，提高医生的问诊效率和质量。

腾讯觅影是腾讯公司首款将人工智能技术运用在医学领域的 AI 产品，把图像识别、深度学习等领先的技术与医学跨界融合。"AI 医学影像"和"AI 辅助诊断"是腾讯觅影的两大主要功能。"AI 医学影像"运用计算机视觉和深度学习技术对各类医学影像进行学习训练，有效地辅助医生诊断和重大疾病早期筛查等任务；"AI 辅助诊断"依靠腾讯 AI Lab 的技术能力，通过自然语言处理和深度学习，为医生提供更好的决策基础，能辅助他们更快、更有效的理解病案，提升诊疗效率，降低诊疗风险。

7.3 智慧交通

智慧交通的前身是智能交通，20 世纪 90 年代初由美国提出。2009 年，IBM 提出了智慧交通的概念。智慧交通是在智能交通的基础上，融入物联网、云计算、大数据、移动互联等高新互联网技术，通过高新技术汇集交通信息，提供实时交通数据下的交通信息服务。运用数据模型、数据挖掘等数据处理技术，实现了智慧交通的系统性、实时性、信息交流的交互性以及服务的广泛性。

智慧交通以交通信息中心为核心，连接城市公共汽车系统、城市出租车系统、城市高速公路监控系统、城市电子收费系统、城市道路信息管理系统、城市交通信号系统、汽车电子系统、停车场管理系统等的综合性协同运作，让人、车、路和交通系统融为一体，为出行者和交通监管部门提供实时交通信息，有效缓解交通拥堵，快速响应突发状况。

智慧交通以信息的收集、处理、发布、交换、分析、利用为主线，为交通参与者提供多样性的服务。例如，动态导航可以提供多种模式的城市动态交通信息，帮助驾驶员主动避开拥堵路段，合理利用道路资源，从而达到省时、节能、环保的目的。

交通拥堵、公共交通运输能力不足和频发的交通事故已经成为当代城市道路网络中最主要的问题之一。随着移动设备的广泛普及和GPS技术的高速发展，交通数据的获取也变得越来越容易，为进行数据驱动的交通分析，构建智慧交通系统提供了极大便利。

交通数据的来源包括车辆GPS数据、人类移动的GPS位置信息或者单位站点记录、监控设备的视频记录。

智慧交通中的智能导航和交通流诱导系统可以基于物联网、车联网、分布式计算、大数据的实时流处理等技术对多渠道获取的交通状况信息的海量实时数据进行清洗、映射、组织和聚类，从而为每辆车规划最好的导航路线。2013年兴起的"快的打车""滴滴打车"等手机App及出租车推荐点最优路径搜索平台，均可以为用户提供免费公开的、功能更丰富的目的地最优在线路线搜索服务。

交通规划和路线设计是智慧交通系统的基本组成部分。驾驶路线指引是GPS导航系统或在线地图的关键特征，应用非常广泛。一旦用户选择行程的起点、目的地和出发时间，系统可以基于距离和行程时间的各种标准自动生成一个驾驶路径并提供给用户。微软开发的称为T-drive的智能驾驶方向服务可以给用户提供在给定的出发时间到目的地的最快路线。T-drive的真实系统原型是基于北京3万台出租车在3个月内的轨迹数据来进行记录和分析的，经过实际应用检测，T-drive推荐的路线平均可以节省16%的行程时间。

智慧交通系统主要解决4个方面的应用需求。

第一，交通实时监控。通过获取的数据进行记录和分析获知发生交通事故的位置、交通拥挤路段等信息，并以最快的速度提供给驾驶员和交通管理人员。

第二，公共车辆管理。通过智慧交通系统中的车载信息服务功能及客户终端实现驾驶员与调度管理中心之间的双向通信，提升公共汽车和出租车的运营效率。

第三，旅行信息服务。通过智慧交通系统中的多媒体终端向旅行者及时提供各种交通综合信息。

第四，车辆辅助控制。通过智慧交通终端提供的实时数据在无人驾驶技术的加持下也可以辅助驾驶员驾驶汽车，或替代驾驶员自动驾驶汽车。

数据是智慧交通的基础和命脉。以上任何一项应用都是基于海量数据的实时获取和分析而得以实现的。位置信息、交通流量、速度、占有率、排队长度、行程时间、区间速度等是其中最为重要的交通数据。基于人工智能物联网的大数据平台在采集和存储海量交通数据的同时，对关联用户信息和位置信息进行深层次的数据挖掘，发现隐藏在数据中的有价值的信息可以对于智慧交通系统提供个性化的信息推送服务提供帮助。

人工智能技术的发展，"数据为王"的大数据时代的到来，为智慧交通的发展带来了重大的变革，不仅给智慧交通注入新的技术内涵，也对智慧交通系统的发展和理念产生巨大影响。随着大数据技术研究和应用的深入，智慧交通在交通运行管理优化、面向车辆和出行者的智慧化服务等各方面，将为公众提供更加敏捷、高效、绿色、安全的出行环境，创造更美好的生活。

7.4　智能安防

智能安防技术随着科学技术的发展与进步已迈入了一个全新的领域。在人工智能环境下，安防领域有了进一步的发展，在安全性方面为人们提供更多的保障。

7.4.1　智能安防的应用场景

人工智能与大数据技术的发展应用，使得安防向综合化体系演变。智能安防项目涵盖众多的领域，如楼宇建筑、工厂园区、道路监控等，兼顾了整体城市管理系统、环保监测系统、交通管理系统、应急指挥系统等应用的综合体系，可以通过无线移动、跟踪定位等手段建立全方位的立体防护。

大数据处理技术与人工智能技术结合具有处理大量信息的能力，也能实现实时监控、基准判断。智能视频分析(Intelligent Video Analysis，IVA)技术采用计算机视觉方式，是处理海量视频数据的有效途径。IVA除用于车牌识别、人脸识别等基于特征的识别，来提高安防的时效性和精准度外，还可以用于人数管控、个体追踪、异常行为分析等基于行为分析技术的方面。IVA技术通过对视频内的图像序列进行定位、识别和追踪实现对危险分子的主动识别，使安防由被动转变为主动。

从应用场景来看，智能安防主要用于以下几个方面。

1. 交通安防

交通行业的安防建设主要应用人工智能技术和大数据处理技术来实时分析城市交通流量，调整红绿灯间隔，从而缩短车辆等待时间来提升城市道路的通行效率。

2. 工厂园区安防

工厂园区的出入口和安全隐患位置利用可移动的巡线机器人进行定期巡逻，搜集读取安防布控数据，分析园区的潜在风险，保障工厂的安全。

3. 社区楼宇

在安装有人工智能系统的社区楼宇建筑中，可以收集监控信息、门禁刷卡记录，在数据库中匹配数据识别违规行为，确保社区安全。

4. 重点区域和重大活动

对于公共交通区域及重大活动的安全可以应用人工智能安防系统进行实时检测、人脸识别、布控报警、运动轨迹还原等操作来保障。

7.4.2　智能安防发展趋势

在我国，智能安防系统设计技术面临更加复杂高级的要求，也有可观的发展前景。安防智能化的应用越来越广泛，逐渐向前端化、平台化、云端化、行业化发展。

7.5　智能金融

智能金融（AiFinance）即人工智能与金融的全面融合，以人工智能、大数据、云计算、区块链等高新科技为核心要素，全面赋能金融机构，提升金融机构的服务效率，拓展金融服务的广度和深度，使金融行业在业务流程、业务拓展和客户服务等方面得到全面的提升，实现金融产品、风控、服务的智能化、个性化、定制化。

7.5.1　智能金融的特点

金融主体之间的开放和合作，使得智能金融表现出高效率、低风险的特点。具体而言，智能金融有透明性、即时性、便捷性、灵活性、高效性和安全性等特点。

1. 透明性

智能金融解决了传统金融的信息不对称。基于互联网的智能金融体系，围绕公开透明的网络平台，共享信息流，许多以前封闭的信息，通过网络变得越来越透明化。

2. 即时性

智能金融是在互联网时代，传统金融服务演化的更高级阶段。智能金融体系下，用户应用金融服务更加便捷，用户也不会愿意再因为存钱、贷款，去银行网点排上几个小时的队。未来，即时性将成为衡量金融企业核心竞争力的重要指标。

3. 便捷性、灵活性、高效性

智能金融体系下，用户应用金融服务更加便捷。智能金融体系下，金融机构获得充足的信息后，经过大数据引擎统计分析和决策就能够即时做出反应，为用户提供有针对性的服务，满足用户的需求。另外，开放平台融合了各种金融机构和中介机构，能够为用户提供丰富多彩的金融服务。这些金融服务既是多样化的，又是个性化的；既是打包的一站式服务，也可以由用户根据需要进行个性化选择、组合。

4. 安全性

一方面，金融机构在为用户提供服务时，依托大数据征信弥补我国征信体系不完善的缺陷，在进行风控时数据维度更多，决策引擎判断更精准，反欺诈成效更好。另一方面，互联网技术对用户信息、资金安全保护更加完善。

7.5.2 大数据在智能金融中的应用

从本质来看，金融业务离不开强大的数据处理能力，利用大数据这一资源和工具，并对其进行深入挖掘不仅会给金融领域的业务模式带来改变，而且也可能会因此发现新的商业机会和重构新的商业模式。

银行作为金融类企业中的重要部分，大数据应用广泛。国内不少银行已经开始通过大数据来驱动业务运营，如中信银行信用卡中心使用大数据技术实现了实时营销，光大银行建立了社交网络信息数据库，招商银行则利用大数据发展小微贷款。总的来看，银行大数据应用可以分为客户画像、运营优化、精准营销、风险管控。

其中的风险管控包括中小微企业贷款风险评估和欺诈交易识别等手段。银行通过企业的产量、流通、销售、财务等相关信息结合大数据挖掘方法进行贷款风险分析，量化企业的信用额度，更有效地开展中小企业贷款。同时，银行还可以利用持卡人基本信息、卡基本信息、交易历史、客户历史行为模式、正在发生行为模式（如转账）等，结合智能规则引擎（从一个不经常出现的国家为一个特有用户转账或从一个不熟悉的位置进行在线交易）进行实时的交易反欺诈分析和反洗钱分析。如 IBM 金融犯罪管理解决方案帮助银行利用大数据有效地预防与管理金融犯罪，摩根大通银行则利用大数据技术追踪盗取客户账号或侵入 ATM 系统的罪犯。

大数据在银行信贷风控分析方面也有着举足轻重的地位。大数据管理作为融资提供者和借款人之间的媒介，通过数据这一客观资料解决信贷提供者的调查和审批过程，让小微企业获得良好的数据化资信能力，可以实现小微企业的良好信用记录。同时，大数据的动态管理和检测，拉平了贷前、贷中、贷后的业务流程，提高了集约化管理的效率，便于灵活调整，及时处理信贷风险。

7.5.3 智能金融的服务种类

1. 智能金融投顾业务

智能金融投顾即智能投资顾问，依靠人工智能的智能算法，结合客户自身的经济能力、理财目标等信息，利用经济学知识为客户量身打造最佳投资方案，并为客户提供后续的实时追踪和动态管理。智能金融投顾具有分散化、个性化、长期化、低收费的特点。

2. 智能金融投研业务

智能金融投研业务即金融投资研究，需要进行行业研究和投资分析。研究流程为"搜索—数据提取—分析研究—观点呈现"。智能投研有 3 种研究模式，整合多平台数据资源、设立专有的新数据集和工具套件、细分产品，提取核心数据。人工智能在投研领域中的作用更像是专家的武器，帮助投研专家具有更出色的分析能力。

3. 智能金融信贷业务

信贷业务是金融业最主要的业务，也是整个金融行业和人工智能融合最深入的场景。智能信贷有两个发展重点：To B(面向商务企业)服务与 To SME(面向小微企业)信贷服务。智能信贷有大数据技术做支撑，庞大的数据量是智能信贷显示出巨大优势的前提，在发展商务端客户方面有先天优势。智能信贷利用大数据分析软件和智能评估软件对小微企业进行贷款资格审查，解决问题更有时效性。

4. 智能金融咨询服务

通过深度学习，智能金融客服可以为客户提供快捷的金融知识解答，方便客户用关键词进行金融信息查找。

5. 智能金融监管业务

人工智能通过规则推理和案例推理进行各种金融场景学习，当在智能金融系统中发现疑似违规违法的行为出现时，系统就能迅速采取应对措施，提高金融系统监管能力。

6. 智能金融保险业务

利用大数据技术，智能金融保险系统根据客户需求和经济情况定制最适合的保险方案。利用人脸识别技术系统能迅速识别客户的索赔证据是否真实，杜绝互联网合成虚假信息。

7.5.4　智能金融典型案例

1. Wealth front 智能投顾平台

通过大数据技术，在智能分析客户的背景数据后，为客户推荐多元化投资组合方案，同时为客户提供开设、管理账户及评估投资组合等服务。

2. 蚂蚁金服：Techfin(科技金融)

蚂蚁金服曾入选《MIT 科技评论》的"最聪明 50 家公司"榜单，《MIT 科技评论》评论其："蚂蚁金服正在探索使用人工智能进行信贷业务。"支付宝的智能客服"小蚂答"是蚂蚁金服的人工智能技术应用。"小蚂答"平均每天可以处理 200 万～300 万条客户咨询，客户满意率比人工客服高出 3 个百分点。"小蚂答"还可以充当"保镖"角色，在检测到用户的账户存在风险时会自动启动一键挂失功能，冻结账户；在用户遇到诈骗时，"小蚂答"还可以帮助用户做到一键报案，减少损失。

7.6 智能教育

2019 年 3 月 19 日，"智能教育战略研究"研讨会在北京召开，会议重点围绕智能教育基本科学问题、关键核心技术、重要应用示范等展开讨论。开展智能教育战略研究是落实《新一代人工智能发展规划》《中国教育现代化 2035》《高等学校人工智能创新行动计划》，推进智能教育发展的具体行动，旨在探讨智能教育基本科学问题、关键核心技术、重要应用示范等，提出智能教育发展建议，加快推进人工智能与教育的深度融合和创新发展。

2017 年，未来教育大会传递出两个信号：一是信息时代的教育将从智能设备普及阶段向人工智能技术注入个性化发展的阶段升级；二是要推动人工智能技术在教育领域的应用。

AI 的赋能、大数据的加持将会使教育更加注重"以学生为中心"的个性化培养，更有利于因材施教。

7.6.1 大数据技术，为学生"画像"，因材施教

教育的智能化离不开精准有效的大数据。在教育过程中，形成一个教与学之间的反馈闭环是非常关键的，从知识的讲授到获得学生的反馈，再到个性化考核，都应在这个闭环中得以实现。若实现个性化教育需要充分了解学生特点，大数据技术恰能从大量学生的日常行为信息中挖掘学生的优缺点，方便教师有针对性地采取有效措施，进行精准有效的个性化的新型教育。

为进一步促进大数据与个性化教育的融合，市面上出现了很多基于大数据技术的精准教学服务平台，如中国大学慕课、爱课程、极课大数据等。此类平台采用图像识别、自然语音处理、计算机深度学习等人工智能核心技术，基于考试和作业进行学习过程动态化数据采集和大数据智能分析，使智能评价实时伴随教学行为，为教师教学提供数据决策支持，制定学生自适应学习资料及学习路径，实现大数据教学管理及数据智能驱动的精准教学，在不改变传统大班教学模式的基础上，可以较好地实现因材施教。

7.6.2 知识图谱，科学规划学习任务

知识图谱技术(Knowledge Graph)，是人工智能领域的一项新技术，"百度一下"其实就是典型的知识图谱的应用。知识图谱本质是一个关系链，利用数据采集、信息优化、知识计量及图形绘制等技术把两个或多个孤单的数据联系在一起形成一个数据关系链，使复杂隐性的知识清晰化、简约化、形象化。

知识图谱技术能够从 3 个层面提升知识搜索的结果，如图 7-4 所示。

找到最想要的信息　　提供最全面的摘要　　让搜索更具深度和广度

图 7-4　知识图谱技术从 3 个层面提升知识搜索的结果

知识图谱技术的根基是搜索引擎技术。智能化的搜索引擎，首先，能够精准锁定关键知识点，以最快的速度帮助学生找到想要获取的知识。其次，知识图谱技术还能提供最全面的知识摘要。例如，当学生在百度上输入"诗歌"后，会获取到与诗歌相关的诸如诗歌的起源、发展、特点、表现手法、古诗分类、新诗分类等综合信息，使学生在这个相对完整的知识体系中获得意想不到的收获。

7.6.3　智能语音系统，助力语言教学

语言类课程的教学应建立在语言交流的基础上才能获得更好的效果。由于实际条件限制，并不是每一位学生都能在课堂上与教师进行交流，很大程度地影响了教学效果。在教学中引入人工智能技术后，教师可以通过研制的智能语音系统与学生进行语音交互，提高教学效果。科大讯飞推出的畅言互动英语学习平台，包括测试功能和学习功能两大模块，其中测试功能包括四级机考、英语口语测试、英语听力测试、英语模拟考试等部分；学习功能包括英语朗读训练、口语对话学习、英语单词速记（包括趣味游戏）、英语智能朗读等部分，可以很好地帮助学生进行英语学习。为方便教师英语教学，平台还设计了教师端进行班级管理、试卷资源管理、学习资源管理、测试成绩管理以及学习记录管理，教师可以组织考试，添加教学资源，及时查询学生学习及测试情况，有针对性地进行个性化教学。

7.6.4　智能评测，减负增效提成绩

教学过程中，批改作业是教师了解学生学习情况的重要手段之一，也是占用教师大量精力的环节，基于人工智能的智能评测系统的问世能够为教师减负，显著提升教学效率，提高学生成绩。

最初级的智能批改是中、高考常用的模式——机器批改，利用计算机读卡技术对学生的客观题进行批改，大幅度提高了阅卷效率。而对于手写题目的智能批阅要求智能评测系统应用智能识别技术对手写文字进行识别，对逻辑应用进行模型分析。

"OKAY 智慧教育"与 MyScript 合作实现的智能批改已经覆盖到教育全场景。"OKAY智慧教育"利用 Myscript 公司的手写识别技术，完成对学生手写答案的数字化

转换，再结合人工智能分析技术对数字转换后的作业进行比对，即使在手写过程中出现偶然的笔顺变形，笔迹也能被精准识别并完成数字化转换。人工智能技术则能够实现对海量题库进行学习、比对，从而对每一类题型的解法生成智能比对结果，完成智能批改。

准星智能评测系统也是集成了人工智能、图像识别、自然语言处理与理解、机器学习、大数据技术、公有云技术等的智能评测机器人，可以实现一题多解下的判定和评测，甚至是对初等数学主客观题的自动评测。

7.6.5 深度学习算法，提高教育决策准确率

高考志愿填报是令人头疼的问题。高考志愿填报的难点在于很难使自己的高考分数与热门专业及个人兴趣偏好之间相契合。

人工智能时代的高考志愿填报工具根据考生的分数、兴趣爱好等因素，借助大数据技术从近几年的高校录取数据中抓取相关信息，通过深度学习算法分析数据，进行报考志愿推荐，提高了报考的准确性，降低了教育决策的失误率。iPIN 在帮助考生进行高考志愿填报时涉及的分析数据有各省政策、招生计划、录取数据、职业测评体系、就业情况、男女比例等，还会对填报的志愿表进行合理性分析、录取概率分析，是比较典型的报考工具。

智能教育的发展改变了传统教育模式，实现了以学生为中心的教育模式创新，提升了教育教学质量。

7.7 智能机器人

机器人是集机械、电子、控制、计算机、传感器、人工智能等多学科及前沿技术于一体的高端设备，是制造业的制高点。伴随科技发展，机器人正在从传统的工业领域逐渐扩展向更广泛的应用场景，如家居服务、医疗服务、物流服务等为代表的服务机器人以及用于应急救援、极限作业和军事的特种机器人领域。总体上，机器人正向智能化系统的方向发展。

7.7.1 机器人的发展

"机器人"一词最早出现在 1920 年捷克作家卡雷尔·恰佩克的科幻小说中，原意为"奴隶"。1942 年，美国科幻作家阿西莫夫提出"机器人三定律"：①机器人必须不伤害人类，也不允许它见人类将受到伤害而袖手旁观；②机器人必须服从人类的命令，除非人类的命令与第一条相违背；③机器人必须保护自身不受伤害，除非这与上述两条相违背。这成为后来机器人学术界作为机器人开发的三条准则。1968 年，斯坦福研究

所公布了其研发成功的机器人——Shakey，如图 7-5 所示。Shakey 是世界上第一台智能机器人，拉开了智能机器人研究的序幕。

图 7-5　第一台智能机器人 Shakey

7.7.2　智能机器人的发展

智能机器人在近几十年发展迅速。1988 年，日本东京电力公司研制出具有自动越障能力的巡检机器人；1994 年，中科院沈阳自动化所等单位研制成功中国第一台无缆水下机器人"探索者"；1999 年，美国直觉外科研制出达·芬奇机器人手术系统；2000年，日本本田技公司出第一代仿人机器人阿西莫；2005 年，美国波士研制出四足机器人大狗、双足机器人阿特拉斯、两轮人形机器人 Handle；2008 年，深圳大疆研制出无人机，德国 Festo 研制出 SmartBierd、机器人蚂蚁、机器人蝴蝶等；2015 年，软银控股公司研制的情感机器人 Pepper 问世。让机器人成为人类的助手和伙伴，与人类或者其他机器人协作完成任务，是新型智能机器人的重要发展方向。

7.7.3　智能机器人的分类

智能机器人根据其智能程度的不同，可分为 3 类。

1. 传感型智能机器人

传感型智能机器人又称外部受控机器人。机器人的本体上没有智能单元，只有执行机构和感应机构，它具有利用传感信息（包括视觉、听觉、触觉、接近觉、力觉和红外线、超声波及激光等)进行传感信息处理、实现控制与操作的能力。受控于外部计算机，在外部计算机上具有智能处理单元，处理由受控机器人采集的各种信息以及机器人本身的各种姿态和轨迹等信息，然后发出控制指令指挥机器人的动作。机器人世界杯的小型组比赛使用的机器人就属于这样的类型，如图 7-6 所示。

图 7-6　机器人世界杯小型组比赛机器人

2. 交互型智能机器人

机器人通过计算机系统与操作员或程序员进行人机对话，实现对机器人的控制与操作。交互型智能机器人虽然具有了部分处理和决策功能，能够独立地实现一些诸如轨迹规划、简单的避障等功能，但是还要受到外部的控制。家庭智能陪护机器人就属于此类型，如图 7-7 所示。

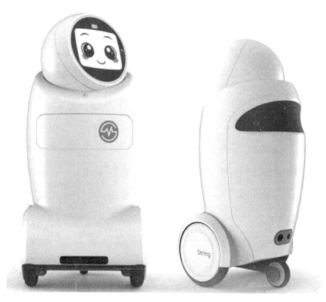

图 7-7　交互型智能机器人

3. 自主型智能机器人

自主型智能机器人在设计制作之后，无须人的干预，能够在各种环境下自动完成各项拟人任务。自主型机器人的本体具有感知、处理、决策、执行等模块，可以像一个自主的人一样独立地活动和处理问题。机器人世界杯的中型组比赛中使用的机器人就属于这一类型，如图7-8所示。全自主移动机器人的最重要的特点在于它的自主性和适应性。自主性是指它可以在一定的环境中，不依赖任何外部控制，完全自主地执行一定的任务。适应性是指它可以实时识别和测量周围的物体，根据环境的变化，调节自身的参数，调整动作策略以及处理紧急情况。交互性也是自主机器人的一个重要特点，机器人可以与人、与外部环境以及与其他机器人之间进行信息的交流。由于全自主移动机器人涉及诸如驱动器控制、传感器数据融合、图像处理、模式识别、神经网络等许多方面的研究，所以能够综合反映一个国家在制造业和人工智能等方面的水平。因此，许多国家都非常重视全自主移动机器人的研究。

图 7-8　RoboCup 国际赛中型组比赛机器人拼抢

7.7.4　智能机器人关键技术

随着社会发展的需要和机器人应用领域的扩大，人们对智能机器人的要求也越来越高。智能机器人所处的环境往往是未知的、难以预测的，在研究这类机器人的过程中，主要涉及以下关键技术。

1. 多传感器信息融合

机器人所用的传感器有很多种，分为内部测量传感器和外部测量传感器两大类。内部测量传感器用来检测机器人组成部件的内部状态，包括特定位置角度传感器、任意位置角度传感器、速度传感器、加速度传感器、倾斜角传感器、方位角传感器等。外部传感器包括视觉(测量、认识传感器)，触觉(接触、压觉、滑动觉传感器)，力觉

（力、力矩传感器），接近觉（接近觉、距离传感器）以及角度传感器（倾斜、方向、姿势传感器）。多传感器信息融合就是指综合来自多个传感器的感知数据，以产生更可靠、更准确或更全面的信息。经过融合的多传感器系统能够更加完善、精确地反映检测对象的特性，消除信息的不确定性，提高信息的可靠性。

2. 导航与定位

在机器人系统中，自主导航是一项核心技术，是机器人研究领域的重点和难点问题。导航的基本任务有 3 个。①基于环境理解的全局定位：通过对环境中景物的理解，识别人为路标或具体的实物，以完成对机器人的定位，为路径规划提供素材。②目标识别和障碍物检测：实时对障碍物或特定目标进行检测和识别，提高控制系统的稳定性。③安全保护：能对机器人工作环境中出现的障碍和移动物体做出分析并避免对机器人造成损伤。

3. 路径规划

路径规划技术是机器人研究领域的一个重要分支。最优路径规划就是依据某个或某些优化准则（如工作代价最小、行走路线最短、行走时间最短等），在机器人工作空间中找到 1 条从起始状态到目标状态，可以避开障碍物的最优路径。

4. 机器人视觉

视觉系统是自主机器人的重要组成部分，一般由摄像机、图像采集卡和计算机组成。机器人视觉系统的工作包括图像的获取、图像的处理和分析、输出和显示，核心任务是特征提取、图像分割和图像辨识。机器人视觉是其智能化最重要的标志之一，对机器人智能及控制都具有非常重要的意义。

5. 智能控制

智能控制方法有模糊控制、神经网络控制、智能控制技术的融合（模糊控制和变结构控制的融合、神经网络和变结构控制的融合、模糊控制和神经网络控制的融合）等。

6. 人机接口技术

人机接口技术是研究如何使人方便自然地与计算机交流。为了实现这一目标，除了最基本的要求——机器人控制器有一个友好的、灵活方便的人机界面之外，还要求计算机能够看懂文字、听懂语言、说话表达，甚至能够进行不同语言之间的翻译，而这些功能的实现又依赖于知识表示方法的研究。因此，研究人机接口技术既有巨大的应用价值，又有基础理论意义。人机接口技术已经取得了显著成果，文字识别、语音合成与识别、图像识别与处理、机器翻译等技术已经开始实用化。另外，人机接口装置和交互技术、监控技术、远程操作技术、通信技术等也是人机接口技术的重要组成部分，其中远程操作技术是一个重要的研究方向。

7.7.5 智能机器人应用领域

智能机器人研究发展迅速，应用范围逐渐从传统工业机器人扩展到其他更接近于人类生活的领域。

1. 医用机器人

此类机器人用于医院、诊所的医疗或辅助医疗，它能独自编制操作计划，依据实际情况确定动作程序，然后把动作变为操作机构的运动。按照用途不同，有临床医疗用机器人、护理机器人、医用教学机器人和为残疾人服务的机器人等。

较为著名的美国 TRC 公司的 Help Mate 机器人可以代替护士送饭、送病例和化验单等。英国的 PAM 机器人主要帮助护士移动或运送行动不便的病人。日本的 WAP-RU-4 胸部肿瘤诊断机器人可以进行精确的外科手术或诊断。美国的"达·芬奇系统"手术机器人拥有 4 只机械触手，在医生的操纵下，"达·芬奇系统"能精确完成心脏瓣膜修复手术和癌变组织切除手术。2015 年 2 月 7 日，"达·芬奇"在武汉协和医院完成湖北省首例机器人胆囊切除术。美国的 Prab Command 系统是可以为残疾人服务的机器人，可以帮助残疾人恢复独立生活能力。美国医护人员目前使用一部名为"诺埃尔"的教学机器人，它可以模拟即将生产的孕妇，甚至可以说话和尖叫。通过模拟真实接生，有助于提高妇产科医护人员手术配合度和临场反应能力。

2. 军用机器人

军用机器人是一种用于军事领域的具有某种仿人功能的自动机器人。从物资运输到搜寻勘探以及实战进攻，军用机器人的使用范围广泛。机器人从军虽晚于其他行业，但自 20 世纪 60 年代在印支战场崭露头角以来，日益受到各国军界的重视。作为一支新军，其巨大的军事潜力、超人的作战效能，预示着机器人在未来的战争舞台上是一支不可忽视的军事力量。

智能机器人在军事领域的应用国外考虑最多的有以下几种。

（1）固定防御机器人

它是一种外形像"铆钉"的战斗机器人，身上装有目标探测系统、各种武器和武器控制系统，固定配置于防御阵地前沿，主要执行防御战斗任务。当无敌情时，机器人隐蔽成半地下状态；当目标探测系统发现敌人冲击时，即靠升降装置迅速钻出地面抗击进攻之敌。

（2）奥戴提克斯 I 型步行机器人

这种机器人由美国奥戴提克斯公司研制，主要用于机动作战。它外形酷似章鱼，圆形"脑袋"里装有微电脑和各种传感器及探测器。由电池提供动力，能自行辨认地形、识别目标、指挥行动。安装有 6 条腿，行走时 3 条腿抬起，另 3 条腿着地，相互交替运动使身体前进，腿是节肢结构，能像普通士兵那样登高、下坡、攀越障碍，通过沼泽；可立姿行走，也可像螃蟹一样横行，还能蹲姿运动。脑袋虽不能上下俯仰，但能前后左右旋转，观察十分方便。该机器人负重也是人所不及，静止时可提重 953 kg，行进时能搬运408 kg。它是美国设计的士兵型基础机器人，只要给其加装任务所需要的武器装备，就立即能成为某一部门的"战士"。为适应不同作战环境进行战斗任务的需要，美国还打算在此机器人基础上，进一步研制高、矮、胖、瘦等不同型号的奥戴提克斯机器人。

（3）飞行助手机器人

它是一种装有微电脑和各种灵敏传感器的智能机器人。该机器人安装在军用战斗机上，能听懂驾驶员简短的命令，主要通过对飞行过程中或飞机周围环境的探测、分析，辅助驾驶员执行空中格斗任务。它能准确及时报告飞机面临导弹袭击的危险和指挥飞机采取最有利的规避措施。更奇特的是，它通过监视飞行员的脑电波和脉搏等，能确定飞行员的警觉程度，并据此向飞行员提供各种飞行和战斗方案，供飞行员选择。

（4）海军战略家机器人

它是美国海军正在研制的高级智能机器人，主要装备小型水面舰艇，用于舰艇操纵、为舰艇指挥员提供航行和进行海战的有关参数及参谋意见。其工作原理是，通过舰艇上的计算机系统，不断搜集与分析舰上雷达、空中卫星和其他探测手段获得的各种情报资料，从中确定舰艇行动应采取的最佳措施，供指挥员决策参考。类似的作战机器人还有"徘徊者机器人""步兵先锋机器人""重装哨兵机器人""电子对抗机器人""机器人式步兵榴弹"等。

（5）战术侦察机器人

它配属侦察分队，担任前方或敌后侦察任务。该机器人是一种仿人形的小型智能机器人，身上装有步兵侦察雷达，或红外、电磁、光学、音响传感器及无线电和光纤通信器材，既可依靠本身的机动能力自主进行观察和侦察，还能通过空投、抛射到敌人纵深，选择适当位置进行侦察，并能将侦察的结果及时报告有关部门。

（6）三防侦察机器人

它用于对核沾染、化学染毒和生物污染进行探测、识别、标绘和取样。美陆军机器人"曼尼"就是这种三防侦察机器人。

（7）便携式欺骗系统机器人

它身上装有自动充气的仿人、车、炮等装置，主要用于战术欺骗。它可模拟一支战斗分队，并发出响应加声响，自行运动到任务需要的地区去欺骗敌人。

3. 物流机器人

当下，我国物流业正努力从劳动密集型向技术密集型转变，由传统模式向现代化、智能化升级，伴随而来的是各种先进技术和装备的应用和普及。具备搬运、码垛、分拣等功能的智能机器人，已成为物流行业当中的一大热点。物流机器人从工作类别上大致可以分为3类。

（1）自动导引车

它是一种高性能的移动运输智能设备，主要用于货物的搬运和移动，已经广泛地应用于很多行业。自动引导车分为有轨和无轨两类。无轨还能分为有无地标（地标还分磁导或条码），或采用三维坐标定位（类似无人汽车的研发）。这类小车属于目前主流研究方向。车载质量一般为50～5000 kg，但一些特种车辆载重可达100 t，使用环境跟搬送机器人类似。国内现在汽车制造商和烟草配送商大量在使用自动导引车，作用也是为了提高效率，降低作业强度，降低成本。

(2)码垛机器人

码垛机器人可以代替人工进行货物分类、搬运和装卸，特别是代替人类搬运危险物品等，可以降低工人劳动强度，保障人身安全。

(3)分拣机器人

分拣机器人具备传感器、物镜和电子光学系统，可以快速进行货物分拣，能够实现 24 小时不间断分拣，分拣效率高，可减少 70% 人工。

4. 教学机器人

教学机器人的作用主要以展示机械结构、运动特征和功能关系为主。相比于工业机器人，它具有特殊性：一台教学机器人相当于一个试验平台，要能显示多种运动性能，因此，应用环境广泛，功能多样。

5. 家用机器人

家用机器人是为人类服务的特种机器人，主要从事家庭服务（维护、保养、修理、运输、清洗、监护等）工作，种类可分为电器机器人、娱乐机器人、厨师机器人、搬运机器人、不动机器人、移动助理机器人和类人机器人。

电器机器人就像具备智能的家用电器，勤奋的吸尘器机器人是这种机器人的代表。其外形像厚厚的飞碟，超声波监视器能避免其撞坏家具，红外线眼可避免其失足跌下楼梯。除了清洁，另一大类家用机器人可用于家庭安全，典型产品有索尼的 AIBO 机器狗。消费者可以通过个人电脑或手机与这类机器人连接，通过互联网指挥这些机器人执行家庭保卫任务。

娱乐机器人是另一大类家用机器人，可用于家庭娱乐。消费者可以通过个人电脑或手机与这类机器人连接，通过互联网指挥这些机器人进行表演。日本是世界上第一台类人娱乐机器人的产地。2000 年，本田公司发布了 ASIMO，这是世界上第一台可遥控、有两条腿、会行动的机器人。2003 年，索尼公司推出了 QRIO，它可以漫步、跳舞，甚至可以指挥一个小型乐队。

厨师机器人是一个多功能的烹调机器，在上海世博会的企业联合馆展出的一种厨师机器人，它头戴厨师帽名叫"爱可"，这个厨师机器人高约 2 米，宽 1.8 米，有着拟人化的眼睛和嘴巴，外形酷似一个冰箱。拉开"爱可"肚子上的拉门，里面有特制的烹调设备，有锅，有自动喷油、喷水和搅拌设备，与之相连的是一个智能化触摸屏，上面是系统控制界面，根据工作人员事先设定好的特级厨师菜谱，"爱可"一共可以独立烹调 24 道中华料理。只要按照程序"点单"，厨师机器人"爱可"便会像模像样地开始准备料理：将早以"定量"好的主料、配料和作料都放在一个专用盒子里；然后又将这些放在"肚子"里的炒锅中，"爱可"开始旋转，将菜充分搅拌，然后点火，炒锅不停翻转，就像人炒菜一样，大约几分钟后，完成烹饪工作。

搬运机器人是一种用于搬运重物的家用机器人，在上海世博会的企业联合馆展出的一个搬运机器人身高达 2.7 m，动起来达 4 m，运动半径为 4.68 m，由于体形庞大所以也享有"擎天柱"的昵称。这种机器人力大无穷，能够轻易地将 1 辆小型汽车举起。家庭机器人 Nao，是由法国研制的一种小型人形机器人，是目前被认为有机会产品化并进入一般家庭的机器人。身高 58 cm、重不到 5 kg 的机器人 Nao 代表了机器人民用模式的未来。这个脑袋里装有中央处理器的机器人其实脸上所有的器官都藏有玄机：它的脑门上有一个触摸传感器，眼睛能够发射红外线，耳朵实际上是个扬声器。它被称为"可自治的家庭伙伴"，因为它可以完全程序化，自由度达到 25 级，可以轻易做出各种复杂的动作，比如，它可以手抓物体，可以处理影像与声音，可用声呐系统侦测周遭的环境，多媒体功能包括扩音器、麦克风和数码相机。

不动机器人是安装在固定地点的家用机器人。它通过嵌入式软件进行操作，通过传感器感知，通过网络与其他人交流。韩国的三星、LG 已经开始销售可上网的电冰箱：当冰箱里的储备变低时，它可以自动向食品零售店发去订单。

移动助理机器人品种很多，从个人应用到军事应用都有，是市场潜力最大的机器人之一。Accentur 技术实验室开发了一种个人助理机器人，它可以帮助你记忆陌生的面孔。当你向某人问好时，这个助理机器人可以通过语音识别引擎、小麦克风和摄像头等设备把对方的名字、低分辨率的照片存储到地址簿里。当你再遇到这个人时，助理会小声地告诉你他是谁。

类人机器人是科技迷梦寐以求的东西。科学家和艺术家也在这方面不断努力，试图给机器人以人的外形，但"类人机器人"也是开发难度最高的机器人之一，因为大家希望从它身上看到人的表情和反应。类人机器人可以用于娱乐和服务。科学家们正在开发更智能的软件，使机器人能和人交流并具备学习能力。从某种角度说，类人机器人的研发是真正考验人类智慧的行为。目前主要产品包括日本索尼公司的 QRIO、富士通公司的 HOAP2 和本田公司的 ASIMO。

6. 微型机器人

微型机器人是典型的微机电系统。世界各国已经在微型机器人的研究方面取得了不少成果。微型机器人的体形很小，与蜻蜓或苍蝇一样大，有的甚至更小，小到我们无法用肉眼看到它们。

微型机器人有以下三大类。

(1)固定型微型机器人

其外观像石头、树木、花草，装有各种微型传感器，可以探测出人体的红外辐射、行走时的地面振动、金属物体移动造成的磁场变化等，并将信号传送到中央指挥部。指挥部可控制防御区内的武器自动发起攻击。

(2)机动式的微型机器人

它们装备有太阳能电池板和计算机，可以按照预定程序机动进入敌人阵地与敌人同归于尽。

(3)生物型微型机器人

研究将微型传感器安装到动物或昆虫身上，构成微型生物机器人，使其进入人类无法到达的地方，执行战斗或侦察任务。

微型机器人可以在原子级水平上工作。例如，外科医生能够遥控微型机器人做毫米级视网膜开刀手术，在眼球运动的条件下，切除弹性视网膜或个别病理细胞，接通切断的神经；在患者体内或血管中穿行，一旦发现癌细胞就立即把它们杀死以及刮去主动脉上堆积的脂肪等；可以将微型机器人胃镜放进胃内对胃进行全面检查。

微型机器人还可以用于精密制造业的加工，用它制造存储量更大的电脑存储芯片，以及加工精度极高的"超平面磨床"等。微型机器人的作业能力达到了分子、原子级水平，已远远超过艺术家在头发丝上作画的程度。

微型机器人每天晚上还可以在商店和仓库附近放哨，防止盗窃者进入。并且，微型机器人还可以在住房隐蔽处除尘，进入家用电器内部检查和维护。

7.8 无人驾驶

无人驾驶又称自动驾驶，是依靠人工智能、视觉计算、雷达、监控装置和全球定位系统协同合作，让驾驶平台在没有人类主动地操作下，自动安全地操作机动车辆。

无人驾驶平台从整体上而言，包括无人机、无人潜艇、无人车、无人艇等。它的发展率先由军事领域所推动，在这方面美国、德国、意大利曾处于领先地位，比较有代表性的是美国的 Navlab 系列和意大利的 ARGO 项目。

无人驾驶研究领域基本可以分为两大阵营：以传统汽车厂商和 Mobileye 合作的"递进式"应用型阵营；以谷歌、百度及初创科技公司为主的"越级式"研究型阵营。

7.8.1 无人驾驶的发展历程

1. 国外无人驾驶的发展历程

1925 年，美国陆军电子工程师朗西斯·胡迪纳制造出了历史上第一辆无人驾驶汽车，并将其命名为 Linrrican Wonder。它通过无线电波来控制汽车的方向盘、离合器和制动器等部件，实现无人驾驶。虽然这一次的实验过程与大家想象的结果差距甚大，但这仍然算是无人驾驶汽车的雏形。

1969 年，人工智能的创始人之一约翰·麦卡锡在一篇名为《电脑控制汽车》的文章中描述了与现代无人驾驶汽车类似的想法。麦卡锡所提出的想法是关于一名"自动司机"可以通过"电视摄像机输入数据，并使用与人类司机相同的视觉输入"来帮助车辆进行道路导航。接下来开始了无人驾驶汽车的深入研究，研究历程如图 7-9 所示。

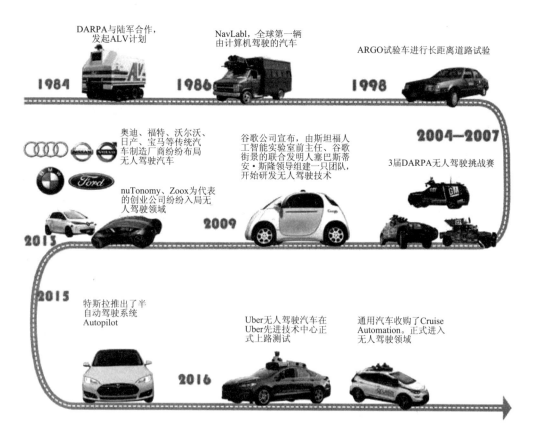

图 7-9　国外无人驾驶汽车发展图谱

2. 国内无人驾驶发展历程

与一些发达国家相比,我国在无人驾驶汽车方面的研究起步稍晚,从 20 世纪 80 年代底才开始。清华大学从 1988 年开始研究开发 THMR 系列智能车,THMR-V 智能车能够实现结构化环境下的车道线自动跟踪。国防科技大学从 20 世纪 80 年代末开始先后研制出基于视觉的 CITAVT 系列智能车辆。直至 1992 年,国防科技大学才成功研制出中国第一辆真正意义上的无人驾驶汽车。自此开始,我国无人驾驶真正开始,研究历程如图 7-10 所示。

2019 年 6 月,长沙市人民政府颁发了 49 张无人驾驶测试牌照,其中百度 Apollo 获得 45 张,百度在长沙正式开启大规模测试。9 月,百度无人驾驶出租车队 Robotaxi 在长沙试运营正式开启。

2019 年 9 月,由百度和一汽联手打造的中国首批量产 L4 级无人驾驶乘用车——红旗 EV,获得 5 张北京市无人驾驶道路测试牌照。

2020 年,即使受到疫情的影响,百度也没有放慢无人驾驶的落地速度。4 月,Apollo 在长沙开放 Apollo Robotaxi 无人驾驶出租车试乘体验服务,普通市民可以通过百度地图、百度 App 一键呼叫免费试乘;5 月,百度宣布位于北京市亦庄经济开发区的阿波罗公园已建成,这也成为百度 Apollo 目前在全国最大的应用程序测试基地。

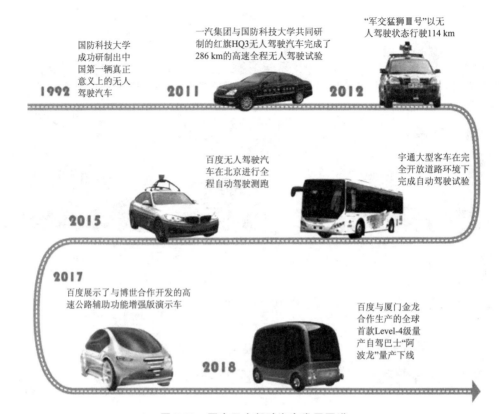

图 7-10　国内无人驾驶汽车发展图谱

7.8.2　无人驾驶等级

在无人驾驶领域，美国高速公路安全管理局（NHTSA）和国际自动工程协会（SAE）将无人驾驶分为多个等级，分别是 L0～L5 级。

L0 级：无自动化。

L1 级：辅助驾驶。车辆可以实现对极少一部分功能的操作，其余的功能还需要驾驶员来操作。

L2 级：半无人驾驶。车辆可以实现对多项功能的操作，比如全速自适应巡航、自动泊车、主动车道保持、自动变道、限速识别等功能，其余少部分功能需要驾驶员来操作。

L3 级：条件无人驾驶。车辆可以实现对绝大部分功能的操作，比如加减速、变道超车等，而且面对大部分情况车辆也能够自己去应付，但是驾驶员还是要始终保持注意力，在出现紧急情况时需要随时接管车辆。

L4 级：高度无人驾驶。在限定环境中真正做到"无人"驾驶，不需要驾驶员操作。

L5 级：全无人驾驶。在任何场景、任何天气下，都不需要人来操控。

目前的无人驾驶最高处于 L4 级，但是对于当前车企而言，L4 级无人驾驶车的量产存在一些难点。目前，大多数车企的无人驾驶技术还停留在 L2 级水平，短期无法实现从 L2 级到 L4 级的飞跃。而且产业链不成熟，零部件成本高昂，难以达到车企量产条件。政府路权未放开，无法进行大规模测试，L4 级无人驾驶短期无法投入使用。

到目前为止，科技互联网公司和无人驾驶全栈解决方案提供商都难以企及 L4 级自动驾驶技术，L5 级也就更加遥远。

除了等级限制之外，无人驾驶最大的一个问题就是安全隐患。到目前为止，全球已经出现了众多无人驾驶安全事故问题，包括谷歌、特斯拉、优步、沃尔沃等，均出现过撞车事故，有的还造成了人员身亡。

无人驾驶作为一项新技术，是当前汽车行业的一个热点研发领域。但是到目前来看，无人驾驶技术依然不成熟，无法与驾车人对交通状况诸多因素，特别是突发事件的综合判断相比。

全球领先的无人驾驶企业都无法在使用时做到绝对的安全保障，这也让人们对无人驾驶产生不信任的心理。在这个问题得到解决之前，无人驾驶想要投入使用并且大规模发展起来还十分困难。

7.9　大数据和人工智能的未来

7.9.1　大数据助推人工智能开启智能时代序幕

中国特色社会主义进入新时代，实现中华民族伟大复兴的中国梦开启新征程。党中央决定实施国家大数据战略，吹响了加快发展数字经济、建设数字中国的号角。习近平总书记在第十九届中共中央政治局第二次集体学习时的重要讲话中指出，"大数据是信息化发展的新阶段"，并做出了"推动大数据技术产业创新发展、构建以数据为关键要素的数字经济、运用大数据提升国家治理现代化水平、运用大数据促进保障和改善民生、切实保障国家数据安全"的指示，为我国构筑大数据时代国家综合竞争新优势指明了方向。

人工智能的发展已经形成了初步的学科体系以及相关的研究方法，并且在一些特定领域的智能体已经开始参与到社会分工中。比如，无人机在军事和农业上的应用；移动支付和刷脸支付在全国范围的应用；机器人播音员已经正式上岗开始播音；VR 眼镜给人们带来视觉上的快乐；智能玩具、智能教育机器人也在快速进入市场。

人工智能正在中国大地上全面开花，并且正在书写着一个崭新的智能时代。无论是人工智能芯片、智慧医疗还是智能化的工业机器人，人工智能迎来了在中国发展的黄金时期，也向世界宣告，人工智能领域的中国力量正在崛起。

如果人工智能按照目前的发展速度，并且加大对基础设施网络，以及智能硬件高速发展的推动，那么，人工智能将会真正融入我们的生活，并且还会出现在衣、食、住、行等各个方面。而且，智能家具也将普及到家家户户，而无人驾驶技术也必将发展成熟，工厂将会用更多的机器代替人力，制造的效率也将大幅提高。

大数据为人类提供了全新的思维方式和探知客观规律、改造自然和社会的新手段。随着人工智能的发展，在海量数据中挖掘有用信息并形成知识将成为可能。未来大数据技术将与人工智能技术更紧密地结合，让计算系统具备对数据的理解、推理、发现和决策能力，从而能从数据中获取更准确、更深层次的知识，挖掘数据背后的价值。

随着大数据、物联网的发展，人工智能进入了一个全新的发展阶段，相信未来人工智能会有广阔的发展空间。而且在大数据与人工智能的加持下，我们国家的科技发展、智能时代序幕已经拉开。

7.9.2　大数据与人工智能携手创造未来美好世界

人工智能技术取得突飞猛进的进展得益于良好的大数据基础，大数据技术的进步得益于人工智能技术的促进，人工智能创新应用的发展更离不开公共数据的开放和共享。

势不可挡的人工智能洪流，将如何引领新一轮科技革命和产业变革，赋能百业推动高质量发展？从数字化、网络化向智能化跃升的过程中，人工智能作为战略性技术，正在从解决简单问题，开始向解决复杂问题挑战。人工智能，在语音、视觉、语言、知识等多领域，进步神速。通用人工智能的发展趋势越来越清晰，人工智能向着人类智慧继续靠近，与各行各业日益融合，人工智能产业的发展将给我们带来以"AI＋"为标志的普惠型智能社会。人工智能＋金融、医疗、交通、安防、工业、城市治理……几乎每个领域都在带来全新的深度应用。

大数据技术与人工智能携手，坚持以需求引领发展，强化基础研究和基础设施，加速攻关核心技术，激发微观主体创新活力，大力加强人才培养……在脉络清晰的发展蓝图下，人们已经能感受到一幅智能生活的新画卷在慢慢展开。在这场全新的智能革命中，人类将共创智能美好新时代。

7.10　本章小结

从当前的社会发展趋势和技术发展趋势来看，大数据、人工智能等技术对于整个社会的影响会越来越大，在产业互联网的推动下，大数据、人工智能等一系列新技术将逐渐开始落地应用，工业互联网也将成为产业领域发展的新动能，这个过程也会全面促进各种互联网技术脱虚向实。

本章着重介绍了基于大数据和人工智能技术的多领域应用。这些应用必会加速人们的生活和工作方式都向更加智能化方向发展。一个以智能化、无人化、远程化为特征的新经济社会形态正加速走来。人工智能产业将迎来一个新的高速发展时期。

思考题

(1)总结智能家居的关键技术。

(2)分析大数据在智慧医疗中的作用。

(3)通过了解大数据在金融行业的应用，分析大数据能为金融行业带来哪些价值。

(4)结合已学知识，谈谈大数据和人工智能对教育领域的影响。

(5)机器人制造的基本原则是什么？

(6)分析总结无人驾驶在中国的发展历程。

参考文献

[1] 鲍军鹏，张选平，吕园园. 人工智能导论 [M]. 北京：机械工业出版社，2009.

[2] 林子雨. 大数据导论：数据思维、数据能力和数据伦理（通识课版）[M]. 北京：高等教育出版社，2020.

[3] 宁兆龙，孔祥杰，杨卓，等. 大数据导论 [M]. 北京：科学出版社，2017.

[4] 深圳国泰安教育技术股份有限公司大数据事业部群，中科院深圳先进技术研究院——国泰安金融大数据研究中心. 大数据导论：关键技术与行业应用最佳实践 [M]. 北京：清华大学出版社，2015.

[5] 鲍亮，李倩. 实战大数据 [M]. 北京：清华大学出版社，2014.

[6] 张绍华，潘蓉，宗宇伟. 大数据治理与服务 [M]. 上海：上海科学技术出版社，2016.

[7] 王振武. 大数据挖掘与应用 [M]. 北京：清华大学出版社，2017.

[8] 杨正洪. 大数据技术入门 [M]. 北京：清华大学出版社，2016.

[9] 姚海鹏，王露瑶，刘韵洁. 大数据与人工智能导论 [M]. 北京：人民邮电出版社，2017.

[10] 柴玉梅，张坤丽. 人工智能 [M]. 北京：机械工业出版社，2012.

[11] 蔡自兴，刘丽珏，蔡竞峰，等. 人工智能及其应用 [M]. 5 版. 北京：清华大学出版社，2016.

[12] 李德毅. 人工智能导论 [M]. 北京：中国科学技术出版社，2018.

[13] 杨晖，田莉霞. 人工智能导论——基础理论＋应用全景＋成果案例 [M]. 大连：大连理工大学出版社，2019.

[14] 郭福春. 人工智能概论 [M]. 北京：高等教育出版社，2019.

[15] 李连德. 一本书读懂人工智能：图解版 [M]. 北京：人民邮电出版社，2016.

[16] 肖正兴，聂哲. 人工智能应用基础 [M]. 北京：高等教育出版社，2019.

[17] 雷明. 机器学习：原理、算法与应用 [M]. 北京：清华大学出版社，2019.

[18] 李艳. 人工智能 [M]. 成都：四川科学技术出版社，2019.

[19] 周志华. 机器学习 [M]. 北京：清华大学出版社，2016.

［20］［日］小高知宏．强化学习与深度学习：通过 C 语言模拟［M］．张小猛，译．北京：机械工业出版社，2019．

［21］刘峡壁．人工智能导论：方法与系统［M］．北京：国防工业出版社，2008．

［22］王万良．人工智能导论［M］．4 版．北京：高等教育出版社，2017．

［23］丁世飞．人工智能［M］．2 版．北京：清华大学出版社，2015．

［24］［美］迪安（Dean.T.），等．人工智能——理论与实践［M］．顾国昌，等，译．北京：电子工业出版社，2004．

［25］［美］邓力，俞栋．深度学习：方法及应用［M］．谢磊，译．北京：机械工业出版社，2015．

［26］王炳锡，等．实用语音识别基础［M］．北京：国防工业出版社，2005．

［27］［美］俞栋，邓力．解析深度学习：语音识别实践［M］．俞凯，等，译．北京：电子工业出版社，2016．

［28］［美］塞利斯基．计算机视觉——算法与应用［M］．艾海舟，兴军亮，等，译．北京：清华大学出版社，2012．

［29］杨正洪，郭良越，刘玮．人工智能与大数据技术导论［M］．北京：清华大学出版社，2019．

［30］张泽谦．人工智能：未来商业与场景落地实操［M］．北京：人民邮电出版社，2019．

［31］韩东，陈军．人工智能：商业化落地实战［M］．北京：清华大学出版社，2018．

［32］郭彤颖，安东．机器人系统设计及应用［M］．北京：化学工业出版社，2015．

［33］王琪民，刘明侯，秦丰华．微机电系统工程基础［M］．合肥：中国科学技术大学出版社，2010．

［34］肖江苏．大数据的概念、特征及其应用探究［J］．电脑编程技巧与维护，2016(3)．

［35］马建光，姜巍．大数据的概念、特征及其应用［J］．国防科技，2013(2)．

［36］谭铁牛．人工智能的历史、现状和未来［J］．奋斗，2019(5)．

［37］罗军舟，金嘉晖，宋爱波，东方．云计算：体系架构与关键技术［J］．通信学报，2011(7)．

［38］王晓燕．智能化项目建设过程中的几个关键环节［J］．电子世界，2013(14)．

［39］孟庆春，齐勇，张淑军，等．智能机器人及其发展［J］．中国海洋大学学报，2004(5)．

［40］王雅志．基于蓝牙技术的嵌入式家庭网关的研究与实现［D］．长沙：湖南大学，2010．

［41］付珊珊．基于 ARM 的智能家居管理终端的研究与实现［D］．淮南：安徽理工

大学，2014.

[42] 袁荣亮. 嵌入式智能家居网关的研究与实现[D]. 杭州：浙江工业大学，2013.

[43] 张懿. 解码人工智能新趋势[N]. 文汇报，2020-08-02.

[44] Hunt J R. Programs for Machine Learning[M]. San Mateo, CA：Morgan Kaufmann，1993.

[45] Meystel A M, Albus J S. Intelligent Systems：Architecture, Design and Control[M]. New York：John Wiley & Sons，2002.

[46] Mitchell T M. Machine Learning[M]. New York：McGraw-Hill，2003.

[47] Nilsson N J. Artificial Intelligence：A New Synthesis[M]. San Francisco：Morgan Kaufmann，1998.

[48] Schalkoff R J. Intelligent Systems：Principles, Paradigms and Pragmatics[M]. Jones and Bartlett Publishers，2011.

[49] Liou C Y, Cheng W C, Liou J W, et al. Autoencoder for Words[J]. Neurocomputing，2014，139.

[50] Reynolds D A, Rose R C. Robust Text-Independent Speaker Identification Using Gaussian Mixture Speaker Models[J]. IEEE Trans Speach & Audio Processing，1995.

[51] Reynolds D A, Quatieri T F, Dunn R B. Speaker Verification Using Adapted Gaussian Mixture Models[J]. Digital Signal Processing，2000.

[52] Hansen J H L, Hasan T. Speaker Recognition by Machines and Humans：A Tutorial Review[J]. IEEE Signal Processing Magazine，2015.

[53] Vasilakakis V, Laface P, Cumani S. Speaker Recognition by Means of Deep Belief Networks[J]. Speaker Recognition，2013.

[54] Cho K , Van Merrienboer B , Gulcehre C , et al. Learning Phrase Representations using RNN Encoder-Decoder for Statistical Machine Translation[C]. Proceedings of the 2014 Conference on Empirical Methods in Natural Language Processing，2014.

[55] Cho K, Van Merrienboer B, Bahdanau D, et al. On the Properties of Neural Machine Translation：Encoder-Decoder Approaches[C]. Proceedings of the 2014 Conference on Empirical Methods in Natural Language Processing，2014.

[56] Bahdanau D, Cho K, Bengio Y. Neural Machine Translation by Jointly Learning to Align and Translate[C]. Proceedings of the 2014 Conference on Empirical Methods in Natural Language Processing，2014.

[57] Vaswani A, Shazeer N, Parmar N, et al. Attention is All You Need[C]. Proceedings of the 31st Conference Neural Information Processing Systems，2017.